有一种心态叫

放下

墨 菲 ◎ 编著

中国华侨出版社
·北京·

图书在版编目（CIP）数据

有一种心态叫放下 / 墨菲编著. –北京：中国华侨
出版社，2013.6（2024.4 重印）
　　ISBN 978-7-5113-3718-4

　　Ⅰ. ①有… Ⅱ. ①墨… Ⅲ. ①人生哲学–通俗读物
Ⅳ. ①B821-49

　　　中国版本图书馆 CIP 数据核字（2013）第 132871 号

有一种心态叫放下

编　　著：墨　菲
责任编辑：刘晓燕
经　　销：新华书店
开　　本：710 毫米×1000 毫米　　1/16 开　　印张：15　　字数：204 千字
印　　刷：大厂回族自治县德诚印务有限公司
版　　次：2013 年 6 月第 1 版
印　　次：2024 年 4 月第 2 次印刷
书　　号：ISBN 978-7-5113-3718-4
定　　价：49.80 元

中国华侨出版社　　北京市朝阳区西坝河东里 77 号楼底商 5 号　　邮编：100028
编辑部：（010）64443056-8013　　　　传　真：（010）64439708
网　址：www.oveaschin.com　　　　E-mail：oveaschin@sina.com

如发现印装质量问题，影响阅读，请与印刷厂联系调换。

前 言
PREFACE

　　人生的旅程中，我们会遇见各种各样的风景：有得意时的繁花似锦，也有失意时的落叶满地；有欢乐时的春风得意，也有哀愁时的秋风萧瑟；有豁达时的风轻云淡，也有烦躁时的雨骤风狂……

　　但是，不论哪种风景，都是我们人生的财富，而纵观整个人生，无非拿起与放下两件事而已。古往今来，无论王侯将相，还是平民百姓，都在为功名富贵而折腰，为难得易失而苦恼。在拿起与放下的过程中，人生也被分为了三种境界。

　　第一种境界是拿不起，也放不下的人生。所谓拿不起，是指这种人境界逼仄，能力局促，注定一生碌碌，难有作为。既做不出值得一提的事业，也得不到他人奖掖的美誉。所谓放不下，是指如此平庸之辈却不肯安守本分，心中总是充塞着无数的欲望与执着。一边对千钟粟垂涎三尺，一边对黄金屋想入非非，一边又对颜如玉如醉如痴。一颗心上蹿下跳，既不甘心自己的现状，又无力改变这个现状。一生浮躁，一生煎熬，一生悲催。

　　第二种境界是拿得起，却放不下的人生。所谓拿得起，是指这种人天生聪明或者勤奋，可以凭借自己的本事做出一番业绩。于是轻裘肥马，春风得意，把这些视为人生之全部。但是只能胜，不能败；只能赢，不能输；只能得，不能失。得意时，或许还有夹起尾巴做人的谦抑；失意时，就难免我都这样了还怕谁的嚣张。顺境时，得胜的狸猫赛如虎；逆境时，落配的凤凰不如鸡。如此一来，不免给人的观感也大打折扣。

第三种境界是拿得起，也放得下的人生。既能成就一番事功，又能不为功名利禄所累。穷则独善其身，达则兼济天下。宠辱不惊，看庭前花开花落；去留无意，望天上云卷云舒。达到这样的境界，才是把人生活得明白。

其实，提高人生的境界，关键是"放下"二字。之所以拿不起，多因为放不下。我们不排除有些人特别幸运，偶尔侥幸：他们在没有放下的情况下，拿起了一些人人都想得到的资源。但是，如果不能在心里把这些统统放下，好运终将用完，侥幸势必变成教训。我们看到多少人一夜暴富之后，又因为负债累累而入狱；多少人一夜成名之后，又因为丑闻漫天而愧悔。所以，只有真正放得下的人，才能够真正拿得起。比如三聚天下之财而三散之的范蠡、功成名遂身退的张良。

本书通过简练的语言和充满哲理的小故事，希望能帮助读者达到"拿得起，放得下"的人生境界，并通过十个章节，讲述了在不同方面"拿起"与"放下"的智慧。

放下人生杂念，可以获得真正的解脱；放下内心的执着，可以获得圆融的智慧。放下烦躁，可以享受安静；放下愤怒，可以享受快乐。放下抱怨的人，可以得到意外的惊喜；放下自满的人，可以得到不断的成功；放下自卑的人，可以见证生命的奇迹；放下嗜欲的人，可以恢复心灵的宁静；放下恐惧的人，可以在人生路上勇往直前。

目 录
CONTENTS

第一章 | 放下是人生的大境界

　　境界是海阔天空的广阔，是雨露甘霖的慈悲。人生的苦乐由境界决定，境界的拓宽是因为懂得放下的道理。放下人生中的执着，才能获得智慧的境界；放下人生中的欲望，才能获得淡泊的境界；放下人生中的烦躁，才能获得快乐的境界；放下人生中的仇恨，才能获得幸福的境界。人生的境界，因为不断地放下而拓宽；人生的幸福因为博大的境界而实现。

第二章 | 放下才能获得人生的解脱

　　人生中的不如意，多半是来自内心的不解脱。心浮气躁的人，满眼都是黄花落叶、断壁颓垣；心平气和的人，处处都有碧海蓝天、风轻云淡。生活是一面镜子，经常擦拭，才能映照出心中的喜怒哀乐；心灵是一杯清水，沉淀之后，才能看见生命的清澈。所以，要想在人生中得到快乐，就要放下心中的种种杂念，让灵魂得到清净解脱。

第三章　放下执着，是非不必争人我

执着于输赢，最后只会满盘皆输；与人争辩，最终将会失去所有朋友。不如放下内心的争斗，泡一壶清茶，看庭前花开花落；看开人生的输赢，捧半卷古书，望天上云卷云舒。人生最大的乐趣不是争夺，而是放下；生活真正的滋味不是名利，而是淡泊。所以，让我们放下内心的执着，去体会人生的乐趣；看开眼前的名利，去享受生活的淡泊。

第四章　摒弃烦躁，人生难得是心安

烦躁就像一团火焰，煎熬着我们的内心。受挫时烦躁，往往造成意志的消沉；得意时烦躁，往往造成举动的张狂；等待时烦躁，往往造成事情的失败；成功时烦躁，往往造成人生的悲剧。烦躁是我们获得快乐与幸福的最大敌人，要想浇灭内心的这团火焰，必须还心灵以清净，看世界以超然。这样，才能通过清澈的内心，看到人生和世界的真相。

第五章　生气不如争气

　　人生处处都有"气"：有志存高远的志气，有义薄云天的义气，有口不能言的闷气，有庸人自扰的闲气。愚蠢的人只会为了人生的不如意而生气，聪明的人则懂得发愤图强去争气。生气的人只会自寻烦恼，事情不会因为生气而改变，人生不会因为生气而幸福。只有争气的人才能走出人生的困境，用毅力去改变自己，进而改变这个世界。生活中真正的快乐与幸福，只属于争气的聪明人，而不属于生气的愚蠢者。

第六章　抱怨不如改变

　　抱怨来自比较，因为只看到别人比自己好的一面而愤愤不平；抱怨来自不满，因为只看到生活的阴暗面而闷闷不乐。其实，人生真正的幸福不是来自拥有的多少，而是来自懂得珍惜；生活真正的快乐不是来自环境的好坏，而是来自学会乐观。与其抱怨命运的不公，不如着手去改变自己的人生；与其抱怨社会的冷漠，不如着手去改变自己的态度；与其抱怨物质的匮乏，不如着手去改变自己的收入；与其抱怨心灵的干涸，不如着手去改变自己的修养。因为抱怨只会让人生走入绝望的死胡同，改变却可以还生命一片希望的广阔蓝天。

第七章 | 别让自满毁了你

　　自满的月亮会变得日渐亏损，自满的杯子会将水溢出。所以，当我们取得成绩时，应该谦虚，切忌自满。谦虚是海纳百川的广阔心胸，谦虚是更上一层楼的开阔眼界，谦虚是一沙一世界的从小见大，谦虚是一叶一菩提的人生智慧。只有懂得用谦虚代替自满的人，才能得到别人的帮助，取得更大的进步；如果一个人用自满代替谦虚，那么他只会被成功撞晕，被命运抛弃。当我们感到自满时，想想成熟的谷穗与深沉的湖水吧：谷穗越是成熟，越是深深地低下自己的头；湖水越是清澈，越是显得自己很浅显。

第八章　用自信代替自卑

人生路上，谁也免不了浮浮沉沉，起起落落。于是，我们的耳畔总是有哭有笑，有悲有喜。其实，人生路上，正是自卑与自信，区别了我们的失败与成功。自信的人相信自己的直觉，坚持到最后成功的一刻；自卑的人，怀疑自己的感觉，最终掉进错觉的旋涡。在一个真正自信的人面前，一切困难都是炼金石，让自己焕发出真金的光彩；一切怀疑都是加速器，加速自己走向成功的脚步。人生路上，我们要用自信代替自卑，为自己的成功开路。

第九章　放下欲望，解放心灵

生活，就像一杯水，平平淡淡，没有滋味。幸福，就像一杯茶，清香隐隐，先苦后甘。欲望，就像一杯酒，浓烈醉人，烧胃穿肠。所以，追求欲望的人，往往明知道欲望伤身，却仍然抗拒不了欲望的诱惑，最终飞蛾扑火，在欲望中燃烧了自己的生命。想要获得幸福的人，就要学会品味幸福的平淡与清香，懂得包涵人生的先苦后甘，才能尝到生活的苦尽甘来。真正懂得生活的人，会感恩自己人生中遇到的一切，不论顺境逆境、富贵贫穷，它们共同组成了我们丰富多彩的人生。

第十章 | 走出恐惧，迎接光明

恐惧，是人生路上的一丛荆棘，让我们望而生畏，不敢向前。于是，我们因为恐惧，看不见前路的风景；我们因为恐惧，看不见漫山的野花；我们因为恐惧，看不见山间的飞鸟；我们因为恐惧，看不见人生的希望。只有战胜内心的恐惧，我们才能在人生路上坦然前行。对于成功失败，我们胸怀"尽人事，听天命"的坦然；对于赞扬诋毁，我们不忘"担当身前事，不计身后名"的洒脱。其实，恐惧的荆棘，只能吓唬躲在黑暗里的弱者。我们要做披荆斩棘的勇士，迎接自己人生中的光明。

第一章

放下是人生的大境界

　　境界是海阔天空的广阔，是雨露甘霖的慈悲。人生的苦乐由境界决定，境界的拓宽是因为懂得放下的道理。放下人生中的执着，才能获得智慧的境界；放下人生中的欲望，才能获得淡泊的境界；放下人生中的烦躁，才能获得快乐的境界；放下人生中的仇恨，才能获得幸福的境界。人生的境界，因为不断地放下而拓宽；人生的幸福因为博大的境界而实现。

 1. 境由心生，我们烦恼是因为放不下

境由心生，是说人们眼中景物的好与坏，皆与人的心情的好坏有很大的关系。在生活中，面对同样的事，为什么有的人很快乐，而有的人却充满烦恼呢？这主要是由人的内心决定的。哲学家说："你的快乐与你的悲伤都是由心而生的，它不会受外界的任何理由所影响！"同样的事物，由于人的心态不同，其结果也是不同的。

有一对双胞胎姐妹到玫瑰园里踏青，正是玫瑰盛开的季节，满园的玫瑰争奇斗艳。

姐姐一面欣赏姹紫嫣红的花海，一面说道："这个玫瑰园可真漂亮，虽然下面有刺，但是刺的上面全是鲜花。"

一旁的妹妹却满脸愁容，长叹一口气说："有什么好的，虽然开了这么多玫瑰，可是下面全是刺。"

姐妹俩的眼里是一样的玫瑰，可是她们却有不一样的心情。于是她们的世界里也就有了不一样的景色。一个人对于生活的态度，往往决定了他的人生幸福与否。所以，一个人所处的境界，完全来自自己内心的修行。有境界的人，可以在喧嚣中享受宁静，在浮躁中安于淡泊。而境界的养成，则来自内心的放下：放下内心的嘈杂，可以听见鸟叫虫鸣；放下内心的迷惘，可以看见彩虹和阳光；放下内心的怨恨，可以感受温暖和慈悲；放下欲望，可以懂得淡泊和解脱。

身陷快节奏的现代生活，我们不停地忙碌和奔波，内心丝毫得不到安宁。却不知道，只有学会放下，才能让心灵回到原始的境界，得到真正的平静和快乐。

在喧闹的小镇上，总少不了一家铁匠铺。从前，农民们所需的各种工具全赖于此。随着工业的进步，铁匠铺告别了往日的辉煌，只有年过半百的老铁匠还固执地经营着惨淡的生意。

老铁匠每天在工作之余，也会自得其乐。经常可以看到他端着一把紫砂壶，躺在摇椅上，悠闲地晒着太阳。大家都知道老人的活计结实耐用，价格童叟无欺，虽然他从不吆喝，也不讨价还价，但是老铁匠的生活一直自给自足，悠然自在。

有一天，一个从大城市来的古董商路过这家铁匠铺，不经意间看到了老人手中的茶壶，马上被吸引住了。只见那把茶壶外形古朴雅致，颜色紫黑如墨。于是古董商上前与老铁匠攀谈，顺便把茶壶借来观看。仔细鉴定之后，古董商发现，这把茶壶竟然出自清代制壶名家戴震公之手。戴震公的紫砂壶世上罕有，价值连城，于是古董商决心一定要把这把茶壶买下来。为了表达诚意，古董商向老人表示，自己愿意出五十万买他手里的茶壶，希望他能够割爱。

老铁匠操劳一生，从没想过这么多的钱，他被古董商的提议惊呆了。想了一会儿，老人还是拒绝了古董商，因为这把紫砂壶是祖宗传下来的，他不能随便卖掉。

古董商只好失望地离去，老铁匠却平生第一次失眠了。内心烦躁的老人，身体一天不如一天，铁匠铺的生意也大不如前。老人依旧用那把紫砂壶喝茶，可是总觉得手中的茶壶变得很沉很沉。更糟糕的是，街坊邻居听说老人手里有这么一个宝贝，人人想来看看，一饱眼福。亲戚朋友们更是一改往日的冷漠，拼命巴结，甚至有人直接提出要向老人借钱。古董商回到城里，将自己的见闻告诉了几个同行，于是古董商们也盯上了老人的紫砂壶，每天进进出出，几乎踢破铁匠铺的门槛。

老人身心俱疲，再也无法忍受眼下的生活。于是，他选了一个清闲的日子，叫来了亲朋好友和那些古董商人，当着大家的面将自己的紫砂

壶放在一张小桌子上让大家瞧个够。大家一面观赏，一面猜测老人心中作何打算，很多人估计他是要将这把茶壶卖掉。

出乎所有人意料，老人忽然拿起一把斧头，当着众人的面，将那把价值连城的紫砂壶砸得粉碎。人们渐渐在责备与叹息声中离去了，老人感到前所未有的轻松。铁匠铺的生意又恢复了往日的热闹，老铁匠也恢复了往日的悠然与安闲。

同一把茶壶，老铁匠用它喝茶的时候，可以品味到清茶的香气和人生的淡泊；当人们把它当作古董的时候，老铁匠的内心自然被喧嚣和烦躁淹没。与其说是茶壶惹的祸，莫不如说是人心惹的祸。老铁匠把茶壶砸碎后才能获得轻松，这正如很多人一样，只有学会放下，才能获得心灵的洒脱和宁静。

其实，境由心生的实质不在于外界的环境，而在于我们的这颗方寸之心。由此可见，在漫漫人生路上，要想活得轻松快乐，就要放下物欲功利；要想得到解脱的境界，就要放下欲望执着。

生活中，懂得及时放下，才能享受生命的清净。正如弘一法师所说："恬淡是养心第一法。"面对外界的功名富贵、钩心斗角，我们只有将心灵安置在一个坦然的境界里，才能不受尘世的任何束缚和羁绊。彼时才发现，原来我们可以创造一个波澜不惊的世界。

 ## 2. 给予的人最幸福

俗语说：种瓜得瓜，种豆得豆。意思是说，种什么样的"因"，就会得到什么样的"果"。如果你想吃到甜美的果子，就要给果树浇水施肥；想在工作中取得成绩，就要付出辛勤和汗水；想得到生命的慈悲，就要先学会给予别人。

很久以前，有一个富可敌国的地主，他虽然生活富足，但是对手下的用人却十分刻薄。他不但每天让用人们超负荷工作，而且经常棍棒相加，最后还要克扣他们的工钱。

但是地主自己每天也活得心力交瘁，因为一到晚上，他就会梦见自己变成了用人，被自己的主人虐待，不但一刻不停地奔走忙碌，而且还要挨打挨骂。这样，一夜过后，第二天已经是疲惫不堪，还要看着用人们干活，地主很快就觉得自己将不久于人世了。

一位朋友听说地主病了，就来探访，问地主得了什么病症。地主只好以实情相告，这位朋友却大笑说："原来是这样，我有办法救你的命，保证药到病除。"

地主听完，忙问是什么药。那位朋友却说："你现在的地位和财富远远超过一般人，而夜里梦见自己受尽折磨，痛苦也远远超过一般人。之所以会这样，完全是因为劳苦和安逸要交替进行。所以，我给你开的药方就是放下刻薄，学会慈悲。"

地主听了朋友的劝告，便开始对自己的用人慈悲起来，不仅不再逼迫他们劳作，而且经常接济他们的生活，帮助他们渡过难关。很快，地主的病就痊愈了，因为他再也没有做过那个可怕的梦，而且也不再为日常的琐事操心了。

故事中的地主，因为对用人刻薄，几乎丢掉了自己的性命；终于在朋友的开导下，转而对用人慈悲，最后获得了幸福的人生。由此可见，一个人的所得，并不来自他占有了多少，而是取决于他愿意付出多少。而懂得真心付出的人，最终必将成为这个世界上最富有的人。

从前，有一个家境贫寒的小男孩，为了攒够学费他只好自力更生，挨家挨户地推销商品。但是，一整天的辛苦并没有换来任何的成果，当他感到腹中饥饿时，摸遍自己的全身，却发现只有一角钱。可怜的男孩

饥饿难忍，于是决定向下一户人家讨点剩饭吃。

男孩鼓起勇气来到一间干净的房子门前，虽然这间房子并不十分豪华宽敞，但是院子里种满了花草，收拾得十分整洁。男孩轻轻敲了几下门，没有人回应。当男孩准备转身离去时，门后出现了一个漂亮的小姑娘。男孩有点不知所措，他支吾半天，说自己只是想要一口水喝。小姑娘看他十分饥饿的样子，就拿了一大杯牛奶给他。男孩喝完牛奶，不好意思地问："我应该付您多少钱？"

小姑娘笑着回答："你一分钱也不用付，因为妈妈说过，施以爱心，应不图回报。"

男孩说："那么，就请接受我由衷的感谢吧！"说罢，他向小姑娘深深地鞠了一躬，转身离开了这户人家。

时间过得很快，当年那个小姑娘很快出落成了标致的女子，不幸的是，她得了一种罕见的病，当地的医生对此束手无策。

女孩被转到大城市医治，经过医生的努力，女孩的手术很成功，但是女孩的父母却为另一件事而愁眉不展。因为以他们的经济能力，根本无法支付女儿昂贵的治疗费用。

但当医药费通知单送到女孩的父母手中时，他们完全不明白上面的意思，觉得一定是医院搞错了。女孩接过通知单，只见上面写着："医药费已付，总额为一杯牛奶。"

女孩用若干年前的一杯牛奶，支付了若干年后昂贵的医药费；男孩则用若干年后的一笔医药费，回报了若干年前一杯珍贵的牛奶。我们无法用金钱来衡量两者的价值，因为这两个人的付出包含了等价的慈悲。

所以，给予是干旱中的一场春雨，滋润人们的心田；给予是沙漠里的一泓甘泉，给人带来希望；给予是冬日里的一缕阳光，温暖人们的身心；给予是天上的北斗星，给人指明方向。当我们给予别人时，就是在自己的生命里种下一颗慈悲的种子，总有一天，这种子会开出快乐的花，结出幸福的果来。

3. 从容的人处处能体味人生的真滋味

人生就像一场旅行，仔细观察旅途中的人，我们会发现有些人大包小裹，负重前行；有些人无牵无挂，轻装前进。有些人行色匆匆，没时间欣赏路边的风景；有些人悠然自得，步履从容。

其实，我们无法预知人生旅途的终点，不知道自己会在何时何地做永远的停留。既然如此，我们又何必一味向前呢？不如放松一下自己的心情，享受现有的生活，从容面对人生。

从前，有四个青年到银行贷款，他们都是刚满 20 岁。银行最终答应贷给他们每人一笔钱，同时要求他们必须在 50 年内还本付息。四个年轻人拿到了自己的贷款，开始了各自的人生。

第一个青年首先用了 25 年来娱乐，45 岁的时候感到还款的压力，又用了 25 年努力工作。结果他在自己 70 岁时仍一事无成，负债累累。他的名字叫作"懒惰"。

第二个青年刚好相反，他拿到贷款之后就开始拼命工作，45 岁时就还清了所有的欠款，结果因为过于努力，他病倒之后就再也没有起来享受自己剩下的 25 年人生。他的名字叫作"狂热"。

第三个青年没有偷懒，也没有拼命，而是每天干着自己手上的工作，用 50 年还清了银行的贷款，在 70 岁时离开了这个世界。人们回忆他的一生，除了还款之外，似乎没有做什么别的事情。他的名字叫作"执着"。

第四个青年也踏实工作，但思路开阔，用了 40 年时间还完了所有的债务。在 60 岁时，他成了一个旅行家。用生命中的最后十年，游历了地球上的所有国家。在 70 岁结束生命的时候，他微笑着结束了自己

最后的旅行。他的名字叫作"从容"。

而当年贷款给四个年轻人的那家银行叫作"生命银行"，它所放出的那笔贷款就叫作"生命"。

如果我们用懒惰的态度面对人生，终将一事无成；如果我们用狂热的态度面对人生，只会半途而废；如果我们用执着的态度面对人生，很可能碌碌无为；唯有学会用从容的态度面对人生，我们才能真正地享受生命。

然而，我们经常听见有人抱怨自己没办法选择从容：没时间吃早饭，没时间陪家人，没时间锻炼身体，没时间给心灵充电。其实，这些人不是真的没有时间，而是没有厘清自己的生活，不知道如何从容应对人生。最后，他们把工作带进了生活，让压力压垮了心灵。面对人生的种种压力，我们只要选择从容的态度来面对，那么不论工作多繁重，都可以享受生活中的阳光；不论压力多巨大，都可以感受人生的清风。

第二次世界大战期间，英国的蒙哥马利元帅战功卓著，他曾击败"沙漠之狐"隆美尔，一举扭转北非战局。

一次，蒙哥马利元帅对首相丘吉尔说："我不抽烟，也不喝酒，每天保证睡眠，所以我的身体百分之百健康。"

不料，丘吉尔却笑笑说："我每天抽很多烟，喝很多酒，而且睡得极少，所以我的身体百分之二百健康。"

后来，蒙哥马利元帅活到了89岁，而丘吉尔首相则活到了91岁。

人们对于蒙哥马利的长寿可以理解，因为这是健康生活的结果。但是，对于丘吉尔的长寿，很多人都认为是怪事。因为，他不但生活没有规律，而且身负二战重任，工作繁忙紧张，怎么可能有百分之二百的健康呢？

其实，丘吉尔健康长寿的秘诀就是从容的心态。即使是在战事最紧张的周末，丘吉尔仍然会从容地到游泳馆游上一会儿；即使是在战事白热化的时候，丘吉尔仍然会轻松地坐在池塘边独自垂钓。第二次世界大战结束后，丘吉尔离开了首相的职位，拿起了画笔，从容地当起了画家。我们可以说，正是丘吉尔的从容，成就了他的事业和健康。

蒙哥马利元帅和丘吉尔首相可谓是懂得享受生活的典范。而他们长寿的秘诀就是忙里偷闲，选择从容。

所以，用从容的心态面对生活，我们才能在生活中轻松坦然；用从容的心态面对人生，我们才能在人生的旅途上看到真正的风景。想要从容，就要放下内心的工作和压力；想要从容，就要放下内心的欲望和执着；想要从容，就要放慢自己的脚步；想要从容，就要清空自己的内心。因为从容是一种生活态度，与生活本身的状态无关。不论生活多复杂，只要我们简单从容地去面对，那么人生就会变得简单而有趣。

4. 放下是一种修行

人生中，我们也许会遭遇种种悲剧，但是造成我们痛苦的真正原因，却是舍不得、放不下、看不开。舍不掉烦恼，所以得不到快乐；放不下欲望，所以总是痛苦；看不开名利，最终为名利所累。这就是我们的人生真相，说来简单，做起来却很难。

因为真正的舍得、放下、看开，不仅仅需要聪明和智慧，更需要执行的勇气、决心和毅力。有些人可以马上明白人生的真相，并很快做到舍得、放下、看开；有些人则难以割舍内心的执着，真正做到需要一段时间。

其实，每个人对人生的认识都有所不同，追求的目标也不完全一样。所以，在认识人生真相的过程中，有快有慢。其实，快慢都无所谓，因为我们有一生的时间去修行。

在这个世界上有四种马，每一种马都有自己的人生。

第一种马日行千里，快速如流星。它不但比其他马跑得快，而且懂得什么时候该快，什么时候该慢。当它见到主人一扬起鞭子的鞭影，就会顺应主人的心意，进退有度，不差毫厘。这一种马是最上等的良马。

第二种马四蹄有力，矫健善走。当主人的鞭子扫到它的马尾时，它就会明白主人的心意，奔驰飞跃，不知疲倦。这一种马算是稍差一些的好马。

第三种马身体健壮，性情温顺。虽然不能和主人心意相通，但是，当鞭子抽打在身上的时候，它也知道顺从主人的命令奔跑，任劳任怨。这一种马是又差一些的庸马。

第四种马冥顽愚劣，只是具有马的外形，并不具有马的脚力和灵性。所以，无论主人如何鞭棍相加，它都无动于衷。直到盛怒之极的主人夹紧马鞍两侧的铁锥，刺得它皮开肉绽之时，它才如梦方醒，放足狂奔。这一种马是最差等的驽马。

其实，这四种不同的马，刚好对应四种不同的人。

第一种人听到世事无常的道理，想象沧海桑田的景象，便能幡然醒悟，放下内心的执着。精进修行，努力创造崭新的生命。就像最上等的良马，看到鞭影就会进退有度，明白生命的真谛。

第二种人要看到世间的花开花落，才会想到自己生命的生老病死，从此走上修行的道路，不敢松懈。他们就像稍差一些的好马，要人生的鞭子扫过他们的尾巴，他们才会奔驰飞跃。

第三种人要看到自己的亲友经历人生的无常，目睹荣华破败，经历生离死别，才开始懂得善待自己的生命，救赎自己的人生。这种人就像更差一些的庸马，资质平庸，但是在受到鞭打的切肤之痛后，也能够幡然醒悟。

而第四种人几乎是无可救药了。他们只有在自己风烛残年，奄奄一息的时候，才会悔恨自己没有放下执着，如今努力已晚，只能在世上空走一回了。他们就好比最差等的驽马，被刺得皮开肉绽时，才知道奔跑。可惜，一切都来不及了。

人的天赋本来不同，再加上后天的环境影响，所以对人生的态度自然是千差万别。但是，人生的真相只有一个，只有懂得了放下，才能得到幸福的人生。

生活中，我们所经历的一切，都是在修行，在帮助我们认识人生的真相。别人的恶语相向，是为了让我们修行自己的包容；别人的赞美夸奖，是考验我们能否放下虚荣的名誉；人生的苦难，是为了让我们修行自己的坚韧；人生的幸运，是考验我们能否放下心中的欲望。

生活没有一帆风顺，我们也不可能事事顺心。但是，只要能够不断反省自己，不断提升境界，不断放下执着，那么，人生的路一定会越走越宽，内心的幸福感也会随之越来越强。

5. 思路决定出路

河流要想流向大海，必须懂得弯曲；人生要想渡过难关，必须换个思路。生活的环境充满了不确定因素，我们在坚持目标、执着努力的同时，还要学会修正方向、随机应变以寻找出路。

很多时候，常识和规则给我们带来方便。但是，遇到困境和难题的时候，带我们找到出路的往往不是对规则的遵循，而是对规则的突破。只有懂得随时转变方向，我们才能最终达成既定的目标。

有人曾做过一个有趣的实验：把一个肚大口小的玻璃瓶平放着，同时，将这个玻璃瓶的瓶底对着光亮，瓶口对着暗处。然后把蜜蜂和苍蝇同时放进这个玻璃瓶里，观察它们的反应。

结果出人意料：蜜蜂会一直朝着光亮的瓶底冲撞，在碰壁后拼命地挣扎，最终气竭力衰，死在玻璃瓶里。而苍蝇开始也会朝着光亮处飞行，但是在碰壁后，就会改变方向，四处乱窜，最后钻出瓶口，得以逃生。

实验的结果之所以出乎意料，是因为执着的蜜蜂最终走向了死亡，而没有方向的苍蝇却找到了生路。生活中，我们总是被告诫要坚持到底，要始终如一。却因此忘记了结合实际，随时转向。

在物理世界中，直线是两点之间最短的距离；在生活中，曲线才是达成目标的最高效率。因为凡事随机应变，才可能保证方向的正确；转换思路，才可以找到摆脱困境的出路；胶柱鼓瑟，只会走向失败的结局；一意孤行，很可能做出愚蠢的决策。

很久以前，在一个偏远的山区有一个落后的王国。那里的人全都赤着双脚走路。

有一天，这个王国的国王要到乡下去体察民情，结果，当国王走在崎岖的山路上时，双脚被小石子刺得又痛又麻。回到王宫后，国王决定要改变这个状况，一方面为了自己出行方便，另一方面也是为了造福百姓。于是，国王下了一道命令，要求各地的大臣，把自己负责区域内所有道路都铺上一层牛皮。这样，人们再光着脚走路的时候，就不会被小石子刺痛双脚了。

接到命令的大臣们这下傻眼了。既不敢违抗国王的命令，又没法达到国王的要求。哪怕杀掉所有的牛，也没有办法得到足够的牛皮去铺路，而且还会引发老百姓民怨四起。正在大臣们一筹莫展时，一个年轻人对自己区域的大臣说，只要您领我去见国王，我就可以解决您的难题。这位大臣半信半疑，但是为了渡过难关，也只好病急乱投医了。

大臣领着年轻人觐见了国王，国王问道："我交给你们的事情办得怎么样了？"

大臣吓得不敢回答，年轻人却镇静地说道："尊敬的国王，作为您的子民，我们都很感谢您的慷慨和恩惠。但是，您的要求实在是有些强人所难。"

国王看了看年轻人，问道："我怎么强人所难了，你说来听听。"

年轻人恭敬地说："现在就算把全国的牛都杀掉，牛皮加起来也不足以完成您的要求。更何况，如果把这些牛都杀掉，百姓们就没有了耕地的帮手，到时候反而会埋怨起您来。"

国王觉得年轻人的话有道理，但是又不想收回自己的命令，就大声问道："难道你是说我做错了吗？你们就不会想想办法吗？"

年轻人赶紧微笑着答道："尊敬的国王陛下，您的命令是为了造福百姓，怎么会错呢？办法也是有的，只要我们把铺在地上的牛皮，剪成小块，包在脚上，走路时就可以不被小石子刺痛双脚了。"

国王和大臣听了年轻人的建议，恍然大悟，于是这个国家的人再也不用杀牛了，而是穿起了皮鞋。

故事中的国王因为没有结合实际，所以做出了错误的决策；而大臣因为不懂变通，所以进入了进退两难的困境；聪明的年轻人则打破了常规，最终成功解决了问题。

可见，不懂得转变思路的领导者，就会决策失误；不懂得随机应变的执行者，就会进退两难；只有能够转变思路的创新者，才能找到问题的出路。其实，只要能够及时地转变思路，不但可以走出困境，甚至可以变害为利。

有一个十岁出头的小男孩，因为家境贫穷，所以要工作养家，在一户有钱人家里做用人。

一天，女主人把自己的一件礼服交给小男孩，让他把上面的褶皱熨平，并一再强调要他小心，因为这件礼服的材质十分昂贵。小男孩十分谨慎地打理着女主人的礼服，可是，偏偏在熨衣服的时候不小心碰倒了桌子上的煤油灯，礼服虽然没被烧掉，却被洒出的煤油弄脏了一大片。

当女主人得知小男孩弄脏了自己的礼服之后，把他大骂了一顿，并要求他赔偿这件礼服。男孩的家境本来贫穷，根本拿不出赔偿的钱来。一筹莫展的小男孩每天对着被自己弄脏的礼服哭泣，直到有一天，他发现礼服上被煤油浸渍过的地方，不但没有变脏，反而变得干净了。

于是，小男孩走出了自己的无奈，他开始研究煤油的清洁能力。经过不断尝试，他往煤油里加入各种原料。又过了一年多，小男孩发明的干洗剂终于问世了。而这个当年的用人成了世界上第一家干洗店的老板，几年后，干洗生意越来越好，他成了一位成功的企业家。当年那个因为弄脏女主人衣服而苦恼的小男孩，就是我们今天使用的干洗剂的发明者——乔利·贝朗。

干洗技术的发明竟然是由于乔利·贝朗儿时的一次失误，而世界上的许多发明，都是从一次不起眼的失误开始的：可口可乐、薯片、蛋卷冰激凌、阿司匹林、X光、青霉素、卫生纸、玻璃、便利贴……我们的衣食住行都离不开这些发明，而这些发明都是源于我们生活中不同的失误。相同的是，这些发明者在失误之后，都转变了自己的思路，然后有了惊人的发现。所以，只有转变思路，才能应付生活的千变万化；只有转变思路，才能走出困难的重重迷宫；只有转变思路，才能变失误为创新；只有转变思路，才能找到人生最终的答案。

 ## 6. 生活的滋味需要细品

享受人生如同品茶：人生的滋味成百上千，要细细去品，才能体味其中的淡泊。茶的种类丰富多样，要慢慢体会，才能知晓其中的滋味。好茶，往往先苦后甘，一缕清香沁人心脾；人生，常常否极泰来，几件往事回味无穷。所以，茶要细细品，生活要慢慢过，这样才能品味出人生的滋味。

有一个成功的商人喜欢四处旅行，一次，他来到了一个风景如画的小渔村。看着身边的美景，商人觉得很惬意，就跟码头上的渔夫聊起天来。

商人看到渔夫的船里有几条又肥又大的活鱼，就问道："看来您今天的运气很不错啊。"

渔夫回答说："是啊，才一会儿工夫就抓到了这些鱼。"

商人又问道："那么，你为什么不在海里多待一会儿，多抓一些鱼呢？"

渔夫回答说："完全没有那个必要，因为这些鱼已经足够我一家人的生活所需啦。"

商人对渔夫的回答很不理解，接着问道："那么你这么早就结束了一天的工作，剩下那么多时间怎么度过呢？"

渔夫快乐地答道："我会在这里晒一会儿太阳，然后回家去跟孩子们玩耍一会儿。黄昏的时候到村里的小酒馆喝上几杯，一天也就过去了。"

商人听了渔夫的话，很高兴地说："如果你愿意接受我的建议，那么我可以改变你的生活。我是哈佛大学的工商管理硕士，我建议你每天把浪费掉的时间都用来抓鱼，然后把多余的钱存起来，到时候你就可以买一条大船，很容易抓到更多鱼。然后你就可以积累财富，投资建造一支自己的船队。"

渔夫觉得商人的建议很有趣，就问道："然后呢？"

商人兴高采烈地回答说："然后你就可以不必把鱼卖给别人，而是自己办一家加工厂。然后你就可以掌握整个海产品的商业链，把自己的企业做成一个商业帝国。"

渔夫也很兴奋，接着问道："那么，接下来我又应该做些什么呢？"

商人大笑着说："然后你就可以成为打鱼业的皇帝啦！你可以把公司的股票上市，然后到社会上去融资，全世界的金钱都会源源不断地流入你的公司！"

渔夫也和商人一起大笑起来，追问道："那么，再接下来呢？"

商人显出陶醉的表情说道："接下来你就可以退休享受生活啦！你可以到一个风景如画的小渔村去安度晚年，有大量的时间陪家人，每天到村里的小酒馆喝上几杯，这样的生活多么惬意啊！"

渔夫看了看商人，满脸疑惑地问道："你所说的，不正是我现在的生活吗？"

人生的忙碌与追求，不过是大雁在湖面留下的浮光掠影，一闪而过。人生的幸福与快乐，却需要放慢生活的脚步，细细体味。那是一分从容，一分优雅，一分安宁，让我们得以享受海边和煦的阳光，呼吸山野清冽的空气。

林语堂先生说："能闲世人之所忙者，方能忙世人之所闲。人莫乐于闲，非无所事事之谓也。闲能读书、能游名胜、能交益友、能饮酒、能著书。天下之乐莫大于是。"

意思是，只有放下了种种欲望与追求，才能去体味生活的平淡与乐趣。当我们无法放慢自己的脚步时，不妨低头想想，自己的人生到底在为什么而活。

丰子恺先生曾把人生比喻成一栋三层的楼房。

一层是物质生活，我们的衣食住行。住在这一层的人，懒得走楼梯。他们可以把自己的物质生活料理得很好：衣食无忧，子孝孙贤，享尽人生的尊荣富贵，也就满足了。这里住着大多数的人类。

二层是精神生活，追求学术文艺。这一层的人，有力气也有激情。他们或是在二楼长住，或是偶尔上来坐坐，追求艺术的境界和心灵的纯净。这种人在人类中算是难得，但也不在少数。

三层是灵魂生活，探究人生真正的目的。这一层的人必须有很好的体力和毅力，他们对二楼的环境还不满足，认为满足了物质和精神的需求还不够，还要探求人生真正的目的。在他们看来，功名富贵不过是身外之物，学术文艺也只是暂时的美景，这种人在人类中是极少、极珍贵的一部分。

由此看来，忙忙碌碌、身心俱疲的人，反而是人生中的懒人。他们没有时间和精力让自己享受心灵的盛宴。而追求精神世界，投入文艺生活的人，他们已经在享受人生。因为他们能够挣脱物质的束缚，寻求心灵的快乐。而追求灵魂生活的人，他们才是真正懂得为什么而活的人。因为他们让自己的心灵回归了平静，得以品味出人生真正的含义。

所以，我们的人生如同品一杯清茶：以茶解渴，一饮而尽的人不懂得品茶的道理；闻香辨色，缓饮慢酌的人只学到了品茶的皮毛；品茶悟道，品出人生真谛的人才是真正的饮者。而其中的道理，也如同煎茶一样，要经过人生的煎熬才能有所领悟。

7. 退步原来是向前

唐代的布袋和尚有一首《插秧诗》，诗中写道："手把青秧插满田，低头便见水中天，六根清净方为道，退步原来是向前。"

诗中写的是农夫在田里插秧的情景，通过插秧的农夫只有倒退着走才能把活干完的生活经验，告诉我们要想得到心灵的提升，就必须放下无谓的争执。

2006 年的情人节，美国有线电视网（CNN）制作了一档关于爱情

的特别节目。那一期节目的嘉宾是一对百岁夫妇：丈夫叫迪斯，102岁；

妻子叫格温，101岁。两个人的婚姻维持了78年。

当主持人向夫妇俩询问给年轻恋人的建议时，迪斯幽默地说道："我希望他们能够明白，在这个世界上，即使是最幸福的婚姻，夫妻双方在一生中也会有两百次离婚的念头和五十次掐死对方的想法。"

主持人又向夫妇俩咨询保持幸福婚姻的秘诀，格温说道："如果有什么秘诀的话，那就是家人之间没什么道理可讲。两个人生活在一起，千万不能太较真儿，这样，78年很快就过去了。"

在离婚率不断攀升的美国，78年的婚姻无疑是一个神话，而创造这个神话的夫妇，却是两位极普通的老人。使得他们变普通为神奇的秘密就是忍让，不和自己的爱人较真儿。所以，有人给年轻的夫妻提建议说，只要夫妻双方能够遵守四条原则，那么他们就可以享受世界上最美满的婚姻。

给丈夫的两条忠告。

第一条，妻子永远是对的；

第二条，如果妻子错了，请参考第一条。

给妻子的忠告。

第一条，丈夫永远是孩子。

第二条，当丈夫的行为让你不满时，请大声朗读第一条三遍。

婚姻生活中，只有包容和忍让才能成就和谐与幸福。夫妻之间本来就没有什么道理可讲，又何必因为较真儿而伤害了彼此的感情。

日常生活中，也离不开包容和忍让。平日里的烦心事，不过是放不下一些零零碎碎的鸡毛蒜皮，最后把自己的人生拖入了泥潭。所以，幸福的人生并不来自命运的一帆风顺，而是来自内心的豁达包容。

在安徽省桐城市的西南角，有一条远近闻名的"六尺巷"，巷南是

18

宰相府，巷北是吴氏宅。这条不过百米的小巷却有着一段不平凡的来历。

清代康熙年间，安徽桐城人张英，任文华殿大学士兼礼部尚书。张家在当地可以称得上是名门望族。可是有一天，张家人却在自己家里受了委屈，最后只好跑到京城来找张英做主。

原来，张家的邻居姓吴，而张、吴两家的宅院都是祖上留下的产业，因为年代久远，所以宅地的范围也就慢慢成了一笔糊涂账。可是，吴家人要修院墙，而院墙的边界似乎多占了张家三尺的范围，于是两家在宅基的问题上发生了争执。由于谁也不肯让步，最后只好把这笔糊涂账交到了当地的官府。可是，官府一看这件事牵涉到当朝宰相，所以不愿招惹是非，把两家人又劝了回去，让他们自己协商。两家人哪肯协商，于是纠纷越闹越大，张家只好派人带上家书，请张英出面"摆平"吴家。

张英弄清了事情的原委，阅过来信，便打发来人下去休息，并没有再说什么。第二天，他亲自修书一封，让家人带回，并告诉他，办法就在信里。

家人接到张英的信，十分高兴。以为信中会有强硬的措辞要求地方官员干涉，或者有什么锦囊妙计让邻居主动让步。不料，整封信只有四句打油诗，上面写道："千里修书只为墙，让他三尺又何妨。长城万里今犹在，不见当年秦始皇。"

看过信后，家人马上明白了张英的意思，于是主动将自家的院墙让出了三尺。吴家听说张家派人进京告状，正在心中担忧宰相大人亲自出面干涉。宰相家的人却主动忍让了，于是原本想要占便宜的吴家也将自家的院墙退后了三尺。这样，两家人的争端不但彻底平息了，而且两家的房院之间，还凭空多出了一条六尺宽的巷子，六尺巷由此得名。当地的百姓从此可以在这条巷子穿行，方便了生活，也由此记住了张英身为

宰相的大度。

张英的做法可谓是宰相肚里能撑船，而那条六尺宽的小巷，也留给我们很多的深思。试想，如果张英和吴家较起真儿来，以宰相的身份出面，那么自家一定可以在这场争执中获胜，但是却因为以公谋私失掉了人心。而主动退让，不和邻居较真儿，既化解了矛盾，又成全了品格，可谓一举两得；而且最后竟然辟出一条巷子来，可谓意外之喜。所以，生活中，不要处处较真儿，学会包容忍让，虽然当时可能会失掉一点眼前的利益，但是却可以永久地解决矛盾，同时成全自己内心的平静；而且，说不定还有意外的收获。因为当我们在内心里向后让步时，正是在人生中进步向前啊！

8. 留白的人生才精彩

善于作画的人，不仅懂得如何在画纸上画出完美的线条和绚丽的色彩，更懂得如何在画纸上留白；精于作曲的人，不仅懂得如何用跳动的音符和美妙的旋律打动别人，更懂得在乐曲中安静；能够成功的人，不仅需要远大的志向和良好的机遇，更需要懂得如何在人生中放手。

一个"放"字，千般哲理。它可以是工作中的放手授权，也可以是生活中的放心安逸。有时是成功时的急流勇退，有时是失败后的从头再来。如果能够将这个"放"字弄明白，就可使复杂的生活回归简单，纷乱的思绪变得明晰，浮躁的心境回归淡然，生命的缺陷成为优点。

有两只水桶，农夫每天用它们挑水。这两只水桶并不完全一样，其中一只是完好无损的，而另一只则有一条细细的裂缝。所以，农夫每次从山下把两桶水挑回家中，都只剩下一桶半的水。因为那只完好无缺的水桶可以保存满满的一桶水，而那只有裂缝的水桶到家时，就只剩下了半桶水。

有一天，完好无缺的水桶对自己的表现很自豪，就奚落有裂缝的水桶说："朋友，我们两个陪伴主人这么久了，每次你都只能保存半桶水，真是丢人啊！"

有裂缝的水桶听了，感到非常愧疚，它一言不发，为自己只能负起一半的责任感到非常难过。

农夫听见了两只水桶的谈话，就悄悄地对那只有裂缝的水桶说，明天挑水时，希望你注意我们的脚下。

第二天，主人又用两只水桶去挑水，回来的路上，有裂缝的水桶看见路旁盛开着缤纷的野花，觉得十分美丽，内心的悲伤也就缓解了许多。但是，当回到家的时候，它又开始难过了，因为又有一半的水洒在了路上。

有裂缝的水桶向农夫道歉，说自己没有完成自己的使命。

农夫却笑着说："你不必道歉，我还要谢谢你呢。"

有裂缝的水桶更加不明白了，农夫解释道："你有没有注意到，我们回来的路上，只有你的那一边开满了野花，而完好无缺的水桶那边却一朵花也没有。"

有裂缝的水桶想起刚才经过的山路，的确是农夫所说的那样。但是它还是不明白这和自己有什么关系。

农夫笑着说："正是因为你有一条裂缝，所以每次我从溪边挑水回来，你都用自己一半的水浇灌了这些野花，所以它们才会开得那么灿烂。而这些美丽的野花，也装饰了我的餐桌，让我的妻子每天不出家门也能够闻到大自然的气息。所以我要好好谢谢你呀。"

有裂缝的水桶听了农夫的话，再也不难过了，因为它知道，自己的裂缝成就了很大的功劳。

一只水桶的裂缝让它每次都会洒掉半桶水，却同样是这条裂缝浇灌了芬芳的野花。如果事事求全，不懂得留白，那么固然可以得到满满的一桶水，却失去了餐桌上的一道插花的风景。

所以，人生中不但要追求色彩，更要懂得适当地留出空白。正是这些空白，创造了生命中的奇迹和生活中的惊喜。

曾经有一位成功的企业家，在退休之后，便四处讲学，把自己的成功经验传授给更多的年轻人。

一次，有一个渴望成功的年轻人向这位企业家请教："您所获得的成功，正是我此生的追求，我一直把您视为偶像。不知道您能否告诉我，在成功的路上，最重要的是什么？"

企业家看了看这个满怀壮志的年轻人，没有直接回答他的问题，而是随手在纸上画了一个有缺口的圆。

年轻人在心里猜测着企业家的寓意，但是百思不得其解，于是只好问道："这是什么？"

企业家反问道："你觉得它是什么呢？"

年轻人喃喃地说："像零、像圆、像成功，可是又有一个缺口，难道是您没有完成的事业吗？"

企业家笑道："你很聪明，但是没有说对问题的答案。其实，这只是一个未画完的句号。你想知道我为什么会成功，其实道理很简单，就是我从来不会把事情做得很圆满。就像画个句号，一定要留个缺口，好让其他人去填满它。"

故事中的企业家之所以成功，是因为他懂得不能把事情做得太圆满。因为完美的背后总有考虑不到的隐患，倒不如留下空白，给别人无限的创造空间。就像事必躬亲的领导，难免因为精力有限而出现一时疏忽，倒不如给下属留白，让他们放手去干。追求完美的家长，难免把孩子逼入性格叛逆的死角，倒不如给孩子留白，让他活出自己的精彩。

其实，人经历了风风雨雨后，回首来时路，只剩下一片过眼的云烟，又何必不肯放手留白呢？事业的成功，往往导致名利成了生命的全部；人生的失意，反而容易放下对于荣华富贵的执着。由此可见，凡事追求圆满，势必导致人生的倾斜；处处懂得留白，才能获得惊喜与坦然。

所以，不要让人生太满，太满的人生充满了欲望与陷阱。适当给心灵留白，留白的心灵才能体会生活的幸福与安宁。为了避免物极必反的悲剧，一定要懂得给人生留白的道理。

 ## 9. 放下包袱，才能轻松前行

人生也许充满苦难，但是并不缺少轻松。我们却常常给自己背上沉重的包袱，不肯为自己的心灵寻找一条出路。

在沉重的苦难面前，我们可以用希望给自己减负；在生活的压力之下，我们可以用创意来享受轻松的人生。人生路上的沉重与轻松，完全取决于我们的内心世界。在同一环境里，也可以因为内心的不同，而收获不同的人生。

从前，有一对双胞胎兄弟，他们因为一次过失，触犯了法律。法庭给他们定了同样的罪，判处了同样的刑罚：监禁三年。

他们的父亲对儿子的遭遇十分同情，但是又没有办法改变事实，于是分别送给他们一份特殊的礼物：三十六块积木。

父亲对自己的两个儿子说："你们虽然不是有意的，但毕竟是违反

了国家的法律，理应受到处罚。但是三年的监狱生活并不好过，为了帮你们消磨时间，我特意准备了这份礼物。你们每个人都会得到三十六块积木，在服刑期间，你们可以每个月用一块积木来搭建你们自己的房子。等你们搭好了房子的时候，也就是你们重新获得自由的时候。希望你们的心灵不要遭受太多的折磨，早日开始自己的新生活。"

两个儿子把父亲的礼物拿在手里，泪如泉涌。他们看着自己手里的那些积木，仿佛看到了自己接下来的人生。

这对双胞胎兄弟住在不同的牢房里，他们用不同的方式使用着父亲的礼物：哥哥每过一个月，就会拿出一块积木，用以记录自己过去的时间。这样，他的房子在监狱生活中慢慢地盖了起来。而弟弟却在父亲走后，就拿出来所有的三十六块积木，搭好了自己的房子。每个月，他就拆掉一块积木，用以记录自己剩下的服刑时间。他想，当他拆掉了整个房子的时候，也就是他重获自由的时候。

三年过去了，这对双胞胎终于重返外面的世界。当父亲来接两个儿子出狱的时候，眼前的景象让他大为吃惊。弟弟的容貌变得衰老不堪，满脸皱纹；而哥哥却焕发了青春，丝毫没有变化。当父亲知道了他们使用积木的方法后，不禁感慨道："你们一个是在毁灭自己的梦想，一个是在创造自己的希望啊。"

故事中那个毁灭梦想的弟弟，因为每月拆掉自己建好的积木房子，等于是每天都把三年的监狱生活放在心上，所以很快就衰老了；而创造希望的哥哥，因为每月在自己的房子中增加一块积木，等于是在为自己的心灵减负，所以反而重新获得了青春。由此看来，只有创造梦想的人，心才不会老去；只有放下包袱的人，才能够享受轻松的人生。

他从小热爱音乐，18岁进入柏林音乐学院学习作曲与交响乐指挥。与今天不同的是，当时的柏林音乐学院每天都要上两堂体力课，并不是为了让学习音乐的孩子全面发展，而是为了让他们成为优秀的指挥家。

原来，当时最为流行的指挥方式，是乐队指挥按照音乐的节奏用一根十斤重的铁棒敲击地面，从而发出"砰砰砰"的声音，来指挥整个乐队的演奏。

所以，要想成为一名优秀的指挥家，必须具有非凡的体力和臂力。不然，根本无法完成数小时的表演。因此，作为当时学习音乐的最高学府，柏林音乐学院自然对学生们的身体素质要求非常高。

但是，他每次都会在体力课上给老师找麻烦，因为他发自内心地讨厌这根铁棒。他觉得，一个指挥家应该把自己的力气花在音乐上，而不是这根沉重的铁棒上。他把自己的想法告诉了老师，结果遭到了老师的严厉批评。

老师毫不留情地对这个不安分的学生说道："铁棒是最神圣的指挥工具，每个指挥家都离不开它。要想成为出色的指挥家，就必须专心上好体力课，不要总想着偷懒。"为了激励自己的学生们努力练习，老师接下来搬出了前辈的例子，他说："法国有一位音乐家曾带病指挥，结果因为自己的体力不支，把铁棒砸到了自己的脚背上，最终因为感染而失去了生命。所以，为了将来能够保住性命，你们也必须把体力课上好。"

听着老师的训斥，心里想着那个为了铁棒而送命的法国音乐家，他的心里产生了另外一种想法。

从那以后，每次体力课他都会生病，请假缺席。当然，他不是真的身体不舒服，而是一个人躲在教室或宿舍里研究音乐。由于把更多的精力都用在了音乐上，所以他的臂力虽然是班里最差的，但是在音乐方面的造诣却远远高过了其他同学。

毕业后，他凭借自己在柏林音乐学院学到的知识，敲开了德国最著名的交响乐团的大门，成了一位小提琴手和音乐创作人。

真正改变他一生的转机，是1820年的一场演出。当时，他随着乐

队一起到英国伦敦为皇家演出。可是，刚一到英国，乐队指挥就生病了。由于我们之前已经介绍过当时指挥用的铁棒，所以，这个疾病缠身的指挥是无论如何也不可能有体力进行演出的。而且，乐队里的替补只有乐师，没有指挥，演出又不能耽搁，这时，整个乐队陷入了困境。

正当所有人都不知所措的时候，他忽然找到生病的乐队指挥，说道："如果您实在无法进行演出的话，就让我来代替您指挥吧。"

乐队指挥看了看眼前的这位年轻的小提琴手，想了想眼下的情势，实在想不出别的办法，只好答应了他的请求。

乐队的其他人都不看好这个瘦弱的年轻人，怀疑他是否有体力拿起那根沉重的铁棒。但是出人意料的是，演出当天，他并没有拿着沉重的铁棒上场，而是用一根精致的小木棒作为自己的指挥工具。这根小木棒灵巧而轻盈，在他的手中上下翻飞，划出优美的旋律线。他的身体也沉浸在优美的音乐中，整场指挥都配合着优雅的肢体动作。这个年轻的指挥家受到了在场所有人的认可，交响乐团在英国的演出也获得了前所未有的成功。而这个年轻人也成了乐队的新指挥。在接下来的日子里，他一直用精致的白色木棒作为自己的指挥工具，而这种指挥工具也很快取代了当年那根沉重的铁棒，风靡世界乐坛，成了音乐史上一个不朽的经典。

这个年轻人就是史博，他的一生为音乐世界贡献了很多优秀的作品，是19世纪最重要的德国音乐家之一。

史博的成就，完全来自他懂得放下那根沉重的铁棒，把精力放在自己擅长和热爱的音乐上。所以，当我们在生活中碰到自己体力不足以支撑，内心疲惫不堪的事情时，不妨将它放在一边，寻找一些轻松的途径来解决生活中的难题。放下了心灵的包袱，马上就可以感受到脸上的阳光和身边的清风，生活中的黑暗也会被一扫而光。让我们时刻记住这种轻灵的感觉，带着自己的内心一起在人生路上轻松前行。

第二章

放下才能获得人生的解脱

人生中的不如意，多半是来自内心的不解脱。心浮气躁的人，满眼都是黄花落叶、断壁颓垣；心平气和的人，处处都有碧海蓝天、风轻云淡。生活是一面镜子，经常擦拭，才能映照出心中的喜怒哀乐；心灵是一杯清水，沉淀之后，才能看见生命的清澈。所以，要想在人生中得到快乐，就要放下心中的种种杂念，让灵魂得到清净解脱。

 ## 1. 执着是痛苦的根源

在生活中，每个人都追求财富，同时也都逃避苦难。但是，我们往往在财富与苦难的选择上犯了固执己见的错误。固执地认为财富都是好的，于是一味地追求财富，却看不到盲目追求财富的危险；固执地认为苦难都是坏的，于是一味地逃避苦难，却看不到苦难给生命带来的洗礼。

其实，世界上的一切事物都有不同的两面，而两面之间又可以相互转化。如果我们总是固执己见，而无法适应事情的变化，改变自己的观念，那么我们永远也无法看清事情的真相。

从前有两个人是非常要好的兄弟，一起出外旅行，寻找人生的真谛。

两个人的身上都带着一把铲子，但是他们对铲子的用法却大不相同。一个人用自己的铲子种洋芋，因为洋芋的繁殖能力很强，只要把它的根切下来一块种在土里，就可以长出新的洋芋来，这样就可以很方便地获得食物。另一个人却用自己的铲子来掩埋路上遇到的动物尸体，因为动物的尸体暴露在外面会腐烂变臭，这样不但对死去的动物过于残忍，而且会影响空气，传播疾病。

有一天，兄弟二人经过一个荒废的村子，村子只有几具暴露在外的尸体。于是那个用铲子掩埋尸体的人毫不犹豫地拿起了自己的铲子，开始掩埋那些村民的尸体。而那个用铲子种洋芋的人则扬长而去，对那些暴露在外的尸体看也不看一眼。

一个商人刚好经过这里，看到了这一切，就跑去问两个人的师傅：

"老师傅，您的两位徒弟都在寻找人生的真谛，可是对待尸体的态度却是如此地不同。他们究竟谁是谁非呢？"

老师傅却回答说："没有什么对错之分，埋掉的是慈悲，走掉的是解脱，他们都找到了人生的真谛。"见商人听后一脸茫然，老师傅又补充道："人身本来就是一副臭皮囊罢了，尸体终归是要变成泥土的，埋的人把泥土摆在泥土下面，走的人让泥土留在泥土上面，如此而已。所以埋掉也对，走掉也对，或取或舍，都是人生的境界。"

故事中的商人没有想到，两个徒弟的不同做法，都是对于这个世界的正确认识。生活中，我们也经常看不清人生的真相。因为人生如同浮云，一直在变化着。人情会变，健康会变，财富会变。如果我们不能放下自己的固执，那么只会被一时的现象迷惑，每天生活在执着与困惑之中。

有一位妙龄女子想要过河，由于过去的女人是裹小脚的，行动不便，再加上水流湍急，所以这个女子只能在河边徘徊不前。

一会儿工夫，从远处来了一老一少两个修行的禅师，他们是师徒关系。师父了解到了女子的困境，就背着女子过河了。小徒弟虽然嘴里没说什么，但是满腹的疑惑与诧异。走过了河对岸，师父放下了那位妙龄女子，师徒二人继续赶路。

走过了很远的路程，徒弟终于忍不住问师父："师父，出家人要守清规戒律，更何况男女授受不亲，您怎么能背一个女子过河呢？"师父早就猜到徒弟会这样问，于是微笑着说："你说的是刚才那位女施主啊。我心里早就放下了，你为什么走了这么远还背着呢？"

故事中的师父因为懂得放下，所以内心一片坦然。而徒弟却因为内心的执着而处在困惑之中，直到师父用"放下"的道理将他点醒。

生活中，我们常常有很多事情难以放下。放不下名利，放不下怨恨，放不下诱惑，放不下内心的惩罚。当我们为了这些"放不下"而

困惑时，就需要我们自己将自己点醒，学会放下，放下自己内心的物欲横流，才能远离人生的烦恼，获得心灵的解脱。

 ## 2. 不必自寻烦恼，顺其自然才能惬意一生

人生中，总是有各种各样的不如意、各种各样的烦恼。我们的内心经常为烦恼所折磨，失眠、恐慌、脾气暴躁，这些都是我们常有的心理反应。

其实，要想彻底从烦恼中解脱出来，首先要学会顺其自然。顺其自然就是要顺应自然的规律。虽然自然的规律看不见、摸不着，但是它无时无处不在起作用。春种、夏长、秋收、冬藏，是植物生长的自然规律，农民如果违反了这个规律，揠苗助长，就会白白辛苦一年，到头来颗粒无收。出生、成长、收获、放下，是人生的自然规律，我们如果违反了这个规律，物欲横流，就会忙忙碌碌一生，内心里不得解脱。

明白了这个道理，我们对这个世界就不会有太多的苛责与妄想，可以凡事安心。因为妄想正是烦恼的根源，放下妄想才可以得到心灵的解脱。正所谓世间本无事，庸人自扰之。

在一座寺院里新来了一个小和尚，他对寺里的一切都充满了好奇。

正值金秋时节，寺院里有两棵枫树，秋风一吹，红叶飞舞。小和尚放下手中的扫把跑去问师父："树上的红叶这么美，为什么会被风吹掉呢？"

师父一笑，摸着他的头说："因为秋天一过，冬天就来了，冬天阳光雨水都不够充足，枫树没办法留住那么多叶子，所以它只好舍弃，舍掉多余的东西，就是放下。"

果然，很快冬天就来了，小和尚看见师兄们把院子里的水缸都扣过来，缸里的水都流走了。他又跑去问师父："师父，缸里的水好不容易才从山下挑来的，为什么要倒掉呢？"

师父正在闭目打坐，就对他说道："因为冬天的天气会一天比一天冷，水很快会结冰膨胀，最后就会把缸撑破，所以要把水倒干净。倒出危险的东西就是放空。"

果然冬天的天气一天冷过一天，大雪纷飞，整个寺院银装素裹，连几棵盆栽的龙柏上也盖了一层厚厚的雪被。于是师父吩咐徒弟们把盆扳倒，让树躺下来。小和尚又不解了，跑去问师父："师父，院里的龙柏好好的，为什么要扳倒呢？"

师父把脸一沉，说道："外面下了这么大的雪，不让龙柏躺下来，它的枝干会被压断的。你的师兄们是为了保护它，让它躺下来休息休息。对于自己承受不了的压力要学会把自己放平。"

果然雪越下越大，进山的路都被封起来了，于是寺院的香油收入也少多了，小和尚又沉不住气，跑去向师父报告。

谁知师父把眼一瞪，说道："柴房里还堆了很多柴，仓房里还积了很多米，账房里还剩了很多钱。这些，你怎么都没有看到？我们又不是为了发财而出家的。冬天很快会过去，春天总会来的。不要为那些多余的事情操心，要学会放心。"

没多久，春天果然来了，由于冬天的雪很厚，融化之后的雪水滋润着大地，寺院内外一片春花烂漫，香火比往日更加旺盛了。师父却要出去云游，小和尚追到山门，哭着问道："师父，您走了，我们怎么办？"

只见师父又恢复了往日的慈祥，笑着挥手道："你已经学会了放下、放空、放平、放心，现在是时候学着放手了。记住一切随缘，不要烦躁。"

故事中的小和尚因为不懂自然规律，所以处处操心，每天充满了烦

恼。终于在师父的教导下学会一切随缘，顺其自然。

在现实生活中，我们也常常心生烦躁，一会儿为了机会还没来而不安，一会儿又因为错失了机会而懊恼。其实，生活中的一切烦恼都是不懂得放下造成的。只要我们懂得了顺其自然，那么，我们就会看见世间万物的规律。耐心等待，做好准备，机会就会到来；每日烦躁，自寻烦恼，机会只能擦肩而过。所以，我们要时时记住放下烦躁，一切随缘。

 ## 3. 识不多则多虑，威不足则多怒

一遇到生活中的难题，我们总是在外部打转。以为多赚一些钱，就可以解决自己的家庭矛盾；换个工作环境，就可以解决自己的无法适应；多说几句话，就可以解决自己的不被信任。结果往往适得其反，自己却又不知道哪里出了问题。

"识不多则多虑，威不足则多怒，信不足则多言。"由此我们可以知道，那些总在抱怨和不满外部环境的人，其实是他们自己的内心世界出了问题。而要想解决这些问题，则需要向自己的内心深处去反省检讨。

生活中，我们难免与人争吵，每天活在愤怒之中，却不知道争执的害处。与同事争执，会造成事业上的障碍；与家人吵架，会伤害爱我们的人。但谁都难免一时失去控制，在愤怒中迷失了自己的内心。

为了让心灵走出愤怒的困境，我们可以在每次发脾气时问问自己，为什么自己如此愤怒？错误难道都在别人身上？自己有哪些做得不对的地方？这样坚持自我反省，学会把心态摆正，就能克服掉自己的消极情绪，同时也能学会温暖别人。

从前有一位老者在外面旅行，刚好在路上碰到一男一女吵架，细听之后才知道他们是夫妻。

两夫妻吵得很凶，妻子说："你算什么男人，我嫁给你算是瞎了眼！"

丈夫一听急了，说道："你这泼妇，要是再胡说八道，我就动手打你！"

妻子一听，大哭起来："我就骂你，怎么样？有本事，你打我呀！你打呀！"

老者开始只是在一旁微笑着观看，不一会儿竟然对其他路人大喊起来："大家快来看啊，好戏不要钱啊！平时看斗鸡、斗蛐蛐还要门票，现在这里免费表演斗人，热闹得很，大家快来看啊！"

那对夫妻也没空理会，仍然继续吵架，但是周围已经围上来一些看热闹的人了。

夫妻二人更加剑拔弩张，妻子歇斯底里地喊道："你杀了我吧，你杀了我吧！你要敢杀了我，我倒觉得你像个男人！"

老者仍旧置身事外，还煞有介事地说道："真是越来越精彩啊，现在就要出人命了，大家快来看啊！"

围上来看热闹的人自然越来越多，但是大家都觉得这个老头太不成样子，于是就有人看不过去说道："人家夫妻吵架关你什么事。你一个老人家，不劝架也就罢了，竟然还在一旁看热闹，真是太过分了！"

老者大笑道："这你就不懂了，夫妻吵架当然关我的事。你没听见他们俩喊着要杀人吗？一会儿真的闹出人命来，总要有人收尸吧，到时候我可以帮忙啊！"

这时候吵架的夫妻也听不下去了，过来找老者理论道："你一个老人家，说出这样的话，实在是太不像话了！"

老者不慌不忙地说道："你们说得有道理，如此说来你们不想

吵架了？"

围观的人都觉得这个老头疯癫，又想看看事情究竟怎么发展下去，就都等着老者把话说完。

老者看了看围着的人群和吵架的夫妻，说道："如果你们不想吵架了，就听我说两句。冰冻千尺，只要太阳出来了，终究是要融化的；饭菜尽寒，只要灶膛里点燃柴火，一定可以变热。夫妻生活难免磕磕碰碰，但是十年修得同船渡，百年修得共枕眠，既然有缘分生活在一起，就应该去做太阳、柴火来温暖对方。"

夫妻二人听了，内心觉得很愧疚，于是马上和好如初了。

故事中老者的智慧，就在于他能让愤怒的人冷静下来，使他们看到自己本来的样子。

在生活中，如果我们都能放下愤怒，去温暖别人，那么自己的内心也会得到温暖。如果我们事事与人争吵，那么不论胜负，内心都处在愤怒与不安之中，每天无异于身在人间地狱。

曾经有一位能征善战的将军觉得自己杀孽太重，于是去向当时很有名的白隐禅师求法。由于他很担心自己死后会下地狱，于是就问道："禅师，世界上真的有天堂和地狱吗？"

白隐禅师没有回答他的问题，而是很不屑地问道："你是做什么的？"

这位将军依然很谦虚地说道："我是一名征战沙场的将军。"

谁知白隐禅师竟忽然大笑道："哈哈哈，请你当将军的人一定是个笨蛋！我看不出你哪里像是个将军的材料，去做一个屠夫还差不多。"

将军大怒，随手抽出身上的佩剑，大吼道："你敢瞧不起我？看我宰了你！"

白隐禅师毫无畏惧之色，大喝道："地狱之门正在为你打开！"

将军被这么一喝，似乎有所领悟，跪地拜谢道："对不起，禅师，刚才是我太鲁莽了，请原谅我的失态。"

白隐禅师点头微笑道："天堂之门正在为你打开！"

于是这个将军彻底了悟了天堂、地狱，留在寺中跟随白隐禅师修行。

白隐禅师没有直接回答将军的问题，而是激发他的实际行动向他证明了：慈悲即升天堂，愤怒便坠地狱。慈悲的人，因为心中总是充满了爱，不用别人的错误来惩罚自己，所以身心都生活在天堂之中。愤怒的人，因为总是与人争吵，内心充满了仇恨和不安，所以身心都生活在地狱之中。

所以，为了获得美好的人生，我们必须学会放下愤怒，让自己的心灵得到解脱。同时，用自己的光芒给这个世界带来温暖。

4. 抱怨除了给自己徒增烦恼，毫无益处

我们常常觉得这个世界不公平，抱怨自己为什么不生在一个富裕的家庭，抱怨上天为什么不给自己足够的美丽容颜，抱怨自己为什么没有理想的姻缘，抱怨上天为什么给自己安排了那么多困难。正是这些抱怨，让我们看不见这个世界的美好。更糟糕的是，这些抱怨常常给我们带来更多的麻烦。因为内心经常觉得世界不公平的人，一则易怒，一则多怨。怒则伤人，怨则伤己。

其实，很多人也想过放下抱怨，在人生路上轻松前行，可是心里总是觉得有许多解不开的心结，最终便只能喋喋不休地不停地抱怨。很多时候，我们需要换个思路来解决这个问题，那么就会觉得放下抱怨其实很简单，只需要我们转个身，拥抱一下自己身后的世界。当我们对眼前

的生活感到不满时，不妨思考一下未来的人生，为自己的命运寻找一条出路，并为之努力奋斗。这样，我们就能找到自己心灵的归宿，发现这个世界的美好。

故事发生在1814年，故事的主人公出生在德国法兰克福的一个富豪家庭，在那里度过了自己无忧无虑的少年时代。

但是月有阴晴圆缺，人有旦夕祸福，因为战争爆发，我们的主人公不得不和他的家族一起逃往瑞士。由俭入奢易，由奢入俭难。家道中落使他的脾气变得十分暴躁。

有一天，我们的主人公路过一块土地，由于经过一次洪水的侵袭，地里一片狼藉，长势良好的庄稼被无情地毁坏，惨不忍睹。眼前的景象不由让他联想到自己的命运，开始在心里对上帝抱怨。

忽然，一个辛勤劳作的农民闯入了他的视线，引起了他很大的好奇。他心想：庄稼已经成了这样了，他还在忙什么呢？仔细观察之后，他发现那个农民正在补种庄稼，而且干得非常卖力，脸上看不到一点沮丧的神情。

"这么好的庄稼就这样被洪水毁掉了，你难道一点也不生气吗？"他向农民问道。

"抱怨如果有用的话，我会考虑的，但是显然它不起一点作用。而且那样只会使事情变得更糟糕，不努力工作，我们全家都要饿肚子了。"农民幽默地说道，"年轻人，你知道吗？其实这一切都是上帝的安排，不要以为洪水只是毁坏了我的庄稼，其实是上帝让洪水给这片土地带来了丰富的养料，你看吧，今年一定是个少有的丰收年。"说完，农民快乐地大笑起来。

少年呆立在那里，农民的话给他上了人生中的最重要一课：抱怨不仅于事无补，而且还会使事情变得更糟。他对农民深深地鞠了一躬，感谢他的教诲，因为此时积攒在他心中多年的抱怨与不快都随着农民的笑声而烟消云散了。

后来，我们的主人公通过努力，成了一名药剂师助手。那时，由于市场上没有合适的奶制品，婴儿的死亡率很高。于是这个不再抱怨的年轻人开始研究可以降低婴儿死亡率的奶制品。

1867 年，我们的主人公成立了自己的食品公司，公司的主要产品是他研制的一种将牛奶与麦粉混合而成的婴儿奶粉。正是这一产品，挽救了无数因营养不良而濒临死亡的婴儿生命。这家公司也从此开创了自己辉煌的百年历程。

故事讲到现在，我们还不知道主人公的姓名。他叫亨利·内斯特莱，他所创立的公司叫"雀巢"。

故事中雀巢公司的创始人，亨利·内斯特莱也曾在抱怨中迷失了自己，但他终于学会转身拥抱自己身后的世界，走出了内心的阴霾，获得了美好的人生。

生活中，每个人都会遇到大大小小的挫折，把挫折变成财富的办法就是放下抱怨，学会转身拥抱身后的世界。虽然，生活中不如意事十之八九，但是生活不会容不下任何人。只要我们放下抱怨，开阔心胸，那么这个世界就会展现出它美好的一面。

所以，当我们觉得事情不顺心，想要抱怨的时候，不妨停下来看看自己身后的世界，换一种眼光，想想我们的未来。那么，我们会发现这个世界是如此美好，一切是那么地平和、坦然。

5. 拥有"归零"心态，做心灵的主人

人的一生，常常是靠勤奋谦虚而获得成功，成功之后又往往因骄傲自满而走向失败。自然界中也有同样的规律，就是月满则亏，水满则溢。

由此可见，自满是成功的第一大敌。现代人都追求成就感，有了成绩就要大声喊出来，却不知道，默默地努力才是追求下一个成功的基石。

当然，在成功面前故作矜持也并非妥善之道，反而给人留下做作的印象。倒不如简单地庆祝一下，然后将注意力放在自己还没有成功的部分，也就是将自己"归零"。不管之前的成绩多么出色，接下来的部分都是一个未知的领域，所以我们要从零开始。只有懂得将自己"归零"的人，才能实现内心境界上的自我突破，由此获得不断的成功。

爱因斯坦曾经说过："我所学到的知识越多，就觉得自己越无知。"记者们听了不解，他就解释说："我的知识就像一个圆圈，这个圆圈画得越大，所接触到的未知空间也就越多，我就觉得自己越无知。"

记得有一次，看到一位初为人母的朋友在教自己女儿用计算器，她似乎对女儿的表现特别不满意。

"归零，你怎么总是忘记归零？"母亲被屡教不改的女儿气得失去了耐心。

幼小的女儿满脸委屈，大哭了起来。

我在一旁只好过来劝解："还记得我们小时候学算盘吗？我们也经常忘了归零，虽然将口诀背得滚瓜烂熟，可还是无济于事。"

朋友懂得了我的用意，便让女儿先出去玩一会儿，同我聊起天来。回想着纷纭的往事，回忆着不同境况的朋友，最后她若有所悟："其实，类似的错误又何止于我这个粗心的女儿呢？我们这些自以为懂事的大人，在人生中的许多时候，甚至完全忽略了归零这两个字。"

于是我们相视无语，觉得其实是她的女儿给我们上了重要的一课。

"归零"就是放下自己过去的成绩，因为只有学会放下，才能有所获得。大海之所以博大，是因为它总是处在最低的姿态上，所以世界上的河流都会流向它。

生活中，我们应该以大海为榜样，时刻提醒自己放低姿态，扩大容量，那么我们的知识和成就都将不可限量。

《孟子·尽心章句下》中有这样一段文字："盆成括仕于齐，孟子曰：死矣盆成括！盆成括见杀。门人问曰：夫子何以知其将见杀？曰：其为人也小有才，未闻君子之大道也，则足以杀其躯而已矣。"

用今天的话讲：孟子断定一个叫盆成括的人必死无疑。没过多久，果然应验了。孟子的学生感到很好奇，就去问孟子怎么知道盆成括会被杀掉。孟子说，盆成括这个人虽然有些小聪明，但是他并不懂得真正的智慧，甚至连听都没有听说过。而只有小聪明的人，在复杂的政治环境中只有死路一条。

由此我们可以知道，自以为聪明的人，不仅不能获得成功，而且往往身处危险之中。因为他们喜欢显示自己的小聪明，对别人的建议从不虚心采纳，很容易引起别人的反感，从而在自己的人生道路上埋下失败的种子。

所以，这个世界上真正安全的人只有两类：一类是拥有大智慧的人，一类是什么也不懂的人。什么也不懂的人，至少懂得安分守己；而拥有大智慧的人，总是能够虚怀若谷，明哲保身。所以，在我们的内心深处，要把虚怀若谷当作自己追求的境界；在为人处世当中，至少要做到安分守己。

在生活中，为了获得成就和自我保护，我们一定要学会自我"归零"。当我们觉得自己有所成就，颇感自满时，要提醒自己扩大内心的容量，及时倒空自己的杯子。因为，只有能够放下内心的自满，才能避免人生中的失败，成为自己人生的主人。

6. 要改变世界，先改变自己

生活中，可以说牢骚人人有。而不懂得放下的人，却是心中特别多。当我们一旦遇到些许的不如意时，负面情绪就如脱缰野马，东奔西跑，无法停止。

其实，外界环境是通过我们的内心而作用于我们的情绪的；对外界的牢骚满腹，是因为我们自己的内心里一片狼藉。如果我们可以降伏心猿意马，擦亮内心的明镜，那么世间的一切都将恢复自己本来的美好。

在一个偏远的小镇上住着一个老人和他的孙女，老人每天都坐在路边的椅子上，向开车经过小镇的人打招呼，他的孙女则负责照顾老人的生活，陪老人聊天。

一天，有一个年轻人经过这个镇子，老人一如既往地向他善意地打招呼。于是这个年轻人走过来问道："老大爷，这个镇子怎样，应该还不错吧？"

老人没有回答年轻人的问题，而是一脸慈祥地反问道："小伙子，你原来住的那个地方怎么样啊？"

年轻人不假思索地说道："我原来住的地方真是不怎么样。那里人人都自以为是，喜欢批评别人。邻里之间也没办法和睦相处，常说别人的闲话。总之，那是个不适合居住的地方。我真高兴自己能够离开那里，如果再不离开的话我想我会被身边的人烦死的。"

老人看着这个满肚子不满意的年轻人回答道："这个镇子里的人跟你所讲的也差不多。"

于是年轻人马上离开了，老人继续在路边的椅子上晒着太阳。

又过了一会儿，又有一个年轻人经过这个镇子。老人向他打招呼，他微笑地向老人问好，并且问道："老大爷，这个镇子怎么样，应该还不错吧？"

老人也没有回答他的问题，仍旧一脸慈祥地反问："小伙子，你原来住的那个地方怎么样啊？"

年轻人笑着说："那是一个很不错的城镇，镇上的每个人都很亲切，人人都乐于帮助邻居，没有人喜欢搬弄是非。而且无论你去哪里，总会有人跟你打招呼，就像这里一样。说实话，我还真是舍不得离开那里呢。"

老人看着这个年轻人，脸上露出了和蔼的笑容，回答他说："这里也差不多，欢迎你在这里留下来。"

年轻人道过谢，便快乐地离开了。这时，一边的孙女再也沉不住气了，开口问爷爷："爷爷，刚才的两个人明明问了相同的问题，可是你为什么给了他们截然相反的答案呢？"

老人摸了摸孙女的头，笑着说："傻孩子，相同的是事，不同的是人啊。"

孙女还是不懂，老人只好解释道："第一个人一肚子不满，这并不一定是他所生活的地方不好，而是他看不见世界的美好。而第二个人的内心充满了感恩，这说明他能够看到世界上的光明。其实，一个人对于世界的看法，就是他内心的一面镜子，所以同样的世界也会因为个人内心的不同而变得不同。"

同样的问题，之所以会有不同的答案，完全是因为人心的不同。因为人心的不同，所以每个人都会看到不同的世界，最后形成自己的偏见，偏见又引起了无休止的抱怨。孔子说"勿臆，勿必，勿固，勿我"，因为不能放下自己的执着，就会成为寻找自己宁静心灵的障碍。

其实，人们对这个世界的抱怨，完全来自自己内心的混乱。所以，

我们与其抱怨这个世界，不如好好地审视一下自己。能够擦亮自己的内心，才能看清楚这个世界；要想让这个世界改变，必须先让自己改变。

 ## 7. 放下过去，才能拥抱明天

　　人的一生，就是不停地将昨天变成今天的过程，也许在这个过程中我们收获了成功与幸福，也许我们经历了坎坷与苦难，但是，这些马上都会过去，我们还要迎接下一个"今天"。

　　然而，人们往往活在昨天里，难以放下昨日的荣誉与成就，不能释怀曾经的挫折与屈辱。其实不论是常常提起当年勇的好汉，还是每每顾影自怜的弱者，都不过是被昨天遮住了双眼。要想看清明天的样子，必须让昨天过去；不再执着于曾经，才能放眼于未来。

　　传说所罗门王的侍卫长比拿雅智勇双全，凡是上头吩咐下来的事都能够圆满完成。因此这位侍卫长深得所罗门王宠信，同僚们也都纷纷讨好他。如此一来，曾经谦虚谨慎的比拿雅，有些飘飘然起来。

　　一次，比拿雅与同僚们吹嘘自己的功绩时，刚好被经过的所罗门王听见了。为了给自己这位出色的侍卫长提个醒，所罗门王特意召来比拿雅，对他说："在这个世界上有一枚戒指，我很想要，你能帮我找来吗？"

　　比拿雅对自己的能力充满自信，他说："十分荣幸为您服务，您的愿望就是我的使命！请您告诉我这枚戒指有什么特征，我马上去给您找来。"

　　所罗门王犹疑片刻，说道："这枚戒指能让快乐者悲伤，让悲伤者快乐。给你半年时间，去把这枚戒指带到我的面前，如果完不成任务，你就永远不要回来。"

　　听完所罗门王的话，比拿雅顿时傻了眼，因为这样的戒指他听都没听说过。但是君命不可违，比拿雅走遍所有的集市，访遍金匠银匠，仍然毫无头绪。因为根本就没人听说过这样一枚戒指。比拿雅没有放弃，他又每天守在海边，问过往商船上的水手是否见过所罗门王所说的那枚戒指，可惜还是一无所获。

　　所罗门王规定的期限已经临近，比拿雅所有的积蓄和精力都耗尽了，可是那枚戒指却依然毫无线索。比拿雅觉得无法完成所罗门王的使命，自己马上就要沦为乞丐了。想起以往春风得意的日子，比拿雅悲从中来，忍不住失声痛哭。

　　他的哭声惊动了一个在路边干活的老铁匠，老人走过来关切地问他："年轻人，你为何哭得如此悲伤？"

　　比拿雅将自己的经历和盘托出，说罢又大哭起来。

　　"或许我有你要找的戒指。"说着，老人从自己手上摘下一枚普通的戒指，用手边的工具往上面刻了一行字，递给比拿雅。

　　比拿雅一看，心里顿觉宁静和快乐，连连向老人称谢道："是的，这正是我要找的戒指！万分感谢您的帮助！"

　　第二天，比拿雅求见所罗门王，报告说自己已经完成了任务。所罗门王对比拿雅带回来的戒指十分好奇，就命令比拿雅把戒指呈送上来。

　　比拿雅深鞠一躬，双手把戒指献给所罗门王。所罗门王一看那枚戒指，并没什么特别，只是上面有一行小字。再仔细一看上面的字，所罗门王马上陷入了沉思。此时的所罗门王已经成为万王之王，每天饮酒取乐，生活在自己的丰功伟绩之中。可是当他看到这枚戒指之后，马上变得哀伤起来。再看比拿雅，曾经因为找不到戒指而愁眉不展，如今正一脸平静地等在下面。

　　这枚戒指果然有所罗门王所说的魔力。从此，所罗门王一直戴

着它，用来警示自己和周围的人，直到死去。这就是传说中所罗门王的戒指。而这枚普通戒指的魔力完全来自老铁匠刻的那一句话："这一切都将过去。"

所罗门王拥有世界上最多的财富，但是他却时刻提醒自己，"这一切都将过去"。人生在世，得失常在，执着于过去，只会自寻烦恼。所以，我们需要记住：昨天终将成为过去，没必要为了昨天的得意而忘形，更不需为了昨天的失意而自苦。

只有心中放下了对于昨天的执着，才能明白，花开花谢，云卷云舒，完全是自然的规律所在。从而学会淡然处世，把身外之物看轻看淡。放下过去的得失荣辱，体验来自心底的徐徐清风，这样自然能够拥有美好的未来。

8. 珍惜眼前的幸福

想让一个人觉得自己已经足够幸福，似乎是一件不可能的事。因为，人们往往看不见自己已经拥有的幸福，而是为了自己还没有得到的物质条件而苦恼，或是因为自己即将失去的物质生活而恐惧。

但是，人生中真正的幸福，往往就在自己的眼前。我们无法看到，是因为我们还没有认清名利不过是身外之物，也没有学会珍惜眼前的幸福。

生活中，我们往往将精力放在追逐物质生活的富足上，为了工作而错过了父母的生日，为了加班而忘记了结婚纪念日，为了陪客户而没时间陪儿女。正是因为不懂得审视自己的内心，我们才每每与幸福擦肩而过。只有懂得珍惜眼前幸福的人，才能够不为别人而活，因此心中没有苦恼与恐惧。

一个经商的朋友给我讲述他年轻时候的经历，说自己能够有今天的成就，完全是因为自己学会了不害怕。而自己之所以能够不害怕，完全是因为他妻子的开导。

这位朋友在年轻的时候生意严重亏损，在家里终日愁眉不展。

"亲爱的，你这是怎么了？"他的妻子看到丈夫的状态，关切地问道。

于是这位朋友也就无意隐瞒，将自己生意上的遭遇全部告诉了妻子，并且告诉妻子，自己的公司已经宣告破产，家里所有的财产明天就要被法院查封。

谁知妻子非但没有被这突如其来的坏消息吓住，反而笑容可掬地问道："亲爱的，法院查封了你的身体吗？"

"没有！"那位朋友对妻子的问题很不解，但是依旧满脸阴云。

"那么，亲爱的，法院查封了你的妻子吗？"妻子进一步问道。

"没有！"那位朋友拭去了眼角的泪，更加不解妻子的问题。

"那么，孩子们呢？法院有没有查封他们？"妻子还是不停地发问。

"没有！他们还小，生意上的事是不会牵扯到他们的！"那位朋友被问得有些焦急了。

"原来是这样，那么你的说法是不准确的喽。你还有一个支持你的妻子以及一群有希望的孩子，怎么能说家里所有的财产都要被法院查封呢？"妻子见自己的丈夫眼里又闪烁起了光芒，接着说道："亲爱的，你已经在生意场上历练了多年，有丰富的经验，同时还拥有健康的身体和灵活的头脑。你为什么这么悲观呢？"

这位朋友听了妻子的话，马上从失败和恐惧的阴霾中走了出来，自信地说道："让法院来查封好了，所有失去的金钱，以后还可以再赚回来的。我最宝贵的财富一直都在我的身边！"

这位朋友凭借妻子的鼓励和自己的努力很快东山再起，而且在之后的起起伏伏中，一直保持着一种平和的心态。

这位经商的朋友，开始之所以愁眉不展，是因为放不下生活中一时的得失，因而心生恐惧，难得解脱。后来，终于在妻子的启发之下，明白了自己真正的幸福，原来一直就在眼前。

其实，在这个世界上并没有彻底的失败，一时的不如意，不过是为日后的成功积蓄力量。所以，当我们沮丧的时候，要学会珍惜眼前的幸福，不妨为自己列一张生命资产表。我们生命中的资产包括完好的双手双脚，健康的大脑和身体，关心我们的亲人、朋友、伴侣和孩子……

如果学会看见和珍惜自己已有的幸福，那么我们会发现自己早已生活在幸福之中了，又何必为了一时的遭遇而忽视了眼前的幸福。

9. 别让仇恨毁了你的人生

美国总统林肯曾经说过："一个人过了四十岁，就要对自己的相貌负责。"这句话的意思不是让我们以貌取人，而是让我们调整好自己内心的状态。因为一张丑陋的脸上，一定写满了内心的欲望、贪婪和无休止的仇恨。一切的负面情绪都会反映到我们的相貌上，尤其是仇恨，它如同一条可怕的毒蛇，把毒蛇养在自己心里，不但会咬伤别人，更会残害了自己。

从前有两个邻居，因为常年生活在一起，难免产生摩擦，时间一久，摩擦变成了仇恨。

一次，其中一个人在山上行走时，无意中捡到一只瓶子，一阵青烟过后，瓶子里竟然出现了一个精灵。精灵对这个人说道："从现在起，你就是我的主人，而我将满足你任何愿望。前提只有一个，就是在你的梦想成真的同时，你的邻居将得到双倍的好处。"

这个人听了精灵的话，先是喜不自禁，但是接着就越想越气。他想：我的邻居每日与我为敌，现在捡到瓶子的是我，他却跟着沾光。要是我许愿得到一份田产，他就会得到两份；要是我许愿得到一箱金子，他就会得到两箱……

思来想去，这个人还是拿不定主意，因为他不是在想着自己将要得到的幸福，而是心中充满了对邻居的仇恨。最后，为了报复自己的邻居，他咬着牙对精灵说道："我只有一个愿望，请挖去我的一只眼珠吧！"

故事中的那个人，因为放不下心中的仇恨，最终不但没有得到幸福，反而失去了自己的眼珠。可见，仇恨总是让人做出疯狂的事来，因为它就像燃烧的烈火，将我们的每一寸理智化为灰烬。而背负着仇恨，我们不但没办法将仇恨化解，而且还会毁掉了自己的人生。

所以，我们的敌人是无法用报复来消灭的，仇恨只会换来更深的仇恨。而彻底消灭敌人的办法只有一个，就是用爱和宽容去原谅和感化别人，最终一定能把敌人变成朋友。放下仇恨，也是给自己的人生找到一条出路。

卢梭是法国的著名思想家，他的著作《忏悔录》《社会契约论》《爱弥儿》是人类不朽的著作，但是年轻时的卢梭却经历过十分屈辱的生活。

在22岁那年，卢梭与村里的一个女孩坠入爱河，很快两个人准备结婚。婚礼当天，正当卢梭沉浸在亲戚朋友的祝福和爱情的甜蜜中时，他的未婚妻却牵着另一个小伙子的手对卢梭说："对不起，我爱上了别人，我们在一起不会幸福的。"说罢，两个人一起离开了婚礼礼堂，而此时的卢梭又羞又愧，在亲朋的目光中无地自容。

卢梭的情感风波并没有停止，而是传遍了整个小镇，不论他走到哪里，总有人在背后议论着他的婚礼。卢梭再也无法忍受这样的羞辱，他离开了自己生长的小镇。

于是，年轻的卢梭开始了自己的流浪生涯。他首先从自己的家乡瑞士来到了德国，接着又从德国跑到了法国。终于在30年后，重新回到

了自己的家乡小镇。

此时，当年负气出走的年轻人已经两鬓斑白，是誉满欧洲的思想家了。当他拜访自己年轻时的熟人时，忽然有一位老朋友问他："你还记得艾丽尔吗？"

艾丽尔就是当年让卢梭羞愧不堪，最终离家出走的女孩。卢梭听人提起她，笑着说道："当然记得，她差一点儿做了我的新娘。"语气满是轻松，没有丝毫的怨恨。

那位朋友为了讨好卢梭，接着说道："当初她在婚礼上羞辱了你，如今自己也恶有恶报。这些年，她的生活穷困潦倒，只能靠着亲友的接济度日。这一定是上帝在惩罚她对你的背叛。"

朋友本以为卢梭听到这个结局会感到高兴和解恨。可是卢梭却说："她的不幸让我觉得很难过。她并没有错，上帝不应该惩罚她。我这里有一些钱，请你转交给她。但是请不要说是我给的，以免她以为我在羞辱她而拒绝。"

朋友对卢梭的行为十分不解，追问道："你难道一点儿也不恨艾丽尔吗？当初，正是她让你丢尽了脸。"

"那些都是30年以前的往事了，我早已放下。如果这些年我还记恨她，岂不是要在仇恨中生活30年？仇恨就像提着一袋死老鼠，一路上闻着臭味的只会是不肯放下的人。所以，我们最好把它丢得远远的。"

对于曾经毁掉婚约，当众给自己奇耻大辱的恋人，卢梭选择了宽容，而不是仇恨。所以，卢梭最终成为伟大的思想家和文学家，而不是心胸狭隘的小人物。

正如卢梭所说，仇恨就像一袋死老鼠，总是提着它，只能使自己闻到臭味。如果我们总是背负着仇恨，对于陈年往事怀恨在心，那么不仅会因为一时冲动而伤害了别人，更会因为仇恨积聚在心里，最终毁了自己的一生。

第三章

放下执着，是非不必争人我

执着于输赢，最后只会满盘皆输；与人争辩，最终将会失去所有朋友。不如放下内心的争斗，泡一壶清茶，看庭前花开花落；看开人生的输赢，捧半卷古书，望天上云卷云舒。人生最大的乐趣不是争夺，而是放下；生活真正的滋味不是名利，而是淡泊。所以，让我们放下内心的执着，去体会人生的乐趣；看开眼前的名利，去享受生活的淡泊。

 1. 莫争无谓的输赢

生活中，很多事情是不需要答案的，我们却常常因为太过计较而与人争论不休。最后，不仅置自己于痛苦之中，而且还伤及了人际关系，使本来平静的生活陡生波澜，实在是何苦来哉！

其实，在与人交往的过程中，对于一些不涉及原则性的问题，最好能将心放宽一些，该马虎时且马虎。这种难得糊涂的状态，才是真正与人为善的胸怀。

王翔是某著名大学中文系的才子，不仅能诗善文，而且出口成章。这样的人，周围应该有很多朋友才是，但是事实却相反，主要是因为他是个爱较真儿的人。

有一次，王翔与几位朋友一同去参加一位朋友的婚礼，席间司仪说："在座的朋友都知道，新郎、新娘是名副其实的'青梅竹马'，在这里我给大家解释一下这个成语的来历：相传宋代的时候有个著名的女词人李清照，她与她的丈夫赵明诚自小相爱……"

司仪的解释显然是错误的，在场的人出于礼貌，谁也没去说破。但是王翔却忍不住了，就在台下大声说道："你说错了，这个成语是李白写的……"顿时，那个司仪脸上红一阵白一阵，但是偏偏他又是个嘴硬的人，就反问王翔道："这位先生，您说是李白写的，有什么证据吗？"

王翔得意地说："当然有了，这个成语出自李白的《长干行》……"这样一来，让那个司仪面子尽失，场面顿时也冷清了起来。

这时候新郎很不高兴地将王翔叫到一边说："人家是来帮忙的，你跟人家较什么劲呀！这是结婚，又不是学术辩论会。平时大家都不愿意与你交往，就是这个原因……"

在婚庆场合，对于司仪犯的此种错误，根本无须去计较，但是，王翔却因为太过较真儿，非要与对方争个明白，不仅将场面搞得极为尴尬，而且得罪了朋友。

《菜根谭》中有几句话："涉世浅，点染亦浅；历事深，机械亦深。故君子与其练达，不若朴鲁；与其曲谨，不若疏狂。"这里的"涉世浅"，主要指那些刚刚毕业的年轻人，入世很浅，污染也不深；"历事深"则是指人生经历了太多事情的人，他们自然"机械亦深"。这里所说的机械主要是指那些经常计较的妄想，这样的人烦恼和痛苦自然会很多。所以，下面又说"故君子与其练达，不若朴鲁，与其曲谨，不若疏狂"。就是我们通常所说，做人过于计较，反而不如在有些地方糊涂马虎一些的好。

生活中，凡事不能太过计较，太过计较的人，会太过固执，做事死板，很容易走进死胡同而出不来。为此，对很多无谓的事情，我们最好放弃计较，一笑置之就好。

况且，类似这样的事情，就算让对方赢，他又能赢到什么呢？而我们认输，又能输掉什么呢？事事要赢的人，反而输掉朋友；处处认输的人反而赢得好感。所以，对于无谓的争执，在很多时候并不需要在意输赢，而应该学会好好珍惜感情。

无谓的事情上难得糊涂，并不是凡事不认真。而是做人做事不要钻牛角尖，要懂得灵活变通。放下不必要的争执之心，才能让自己的人生更为轻松和快乐。

 2. 且将浮名，换了浅斟低唱

许多人终其一生，不能片刻心安：担心着生意上的盈亏，算计着部门内的争斗，说到底，是因为这些人眼中只有名利。当然，也有许多人能够放下名利，用自己的身心去欣赏这世界的风花雪月，诗情画意。因为他们懂得，舍不得名，放不下利，就会错过生命中的美好。

生活中，我们的心灵常常为了名利而超载，遗失了内心的平静与生活的美好，而我们却仍然执迷不悟，放不下浮名虚利，不懂得为心灵寻找一份淡泊。

清朝的乾隆皇帝自称十全老人，一生数下江南，民间有着许多关于他的传说。据说，有一次乾隆皇帝到金山寺去拜会一位得道高僧，交谈中，乾隆问了一个问题，他说："请问长老，门外的长江上船来船往，您知道一天有多少船经过吗？"

谁知大师只淡淡地说道："两艘。"

乾隆听后不解，又问："怎么可能只有两艘呢，门外可是有那么多船啊？"

大师一笑，说道："只有两艘船，一艘为利，一艘为名。"

乾隆听后也哈哈大笑，深深佩服这位高僧的修为。

天下熙熙皆为利来，天下攘攘皆为利往。门外的千帆竞发，说到底不过为了名利二字。

与其与人争名夺利，倒不如"路径窄处，留一步与人行；滋味浓时，减三分让人尝"。学会谦让与圆融，才能跳出人情反复与世路崎岖。

历史上的南齐太祖萧道成，除了能征善战之外，格外喜欢钻研书法，尤其对王羲之的楷书颇有心得。与齐太祖同时，有一位叫王僧虔的著名书法家，是王羲之的后代，对王氏书法十分精通，名闻天下。这位齐太祖一时想不开，竟然提出二人公开比试书法。

萧道成是君，王僧虔是臣，当着满朝文武的面，君臣二人都认真地写了一幅楷书，但是大臣们有的为了谄媚，说皇帝写得好。有的耿直不阿，说王僧虔写得好。正在大伙争执不休之际，齐太祖问王僧虔："满朝上下，最懂书法的就是你了，你来说说，咱们俩的字谁是第一，谁是第二。"

王僧虔作为王羲之的后代，自然不愿贬低自己，有辱先人。但是当着满朝文武的面，又不好让皇上下不来台，于是说："臣的书法，在大臣中是第一；万岁的书法，在皇帝中是第一。"说罢，很镇定地看着萧道成。

齐太祖萧道成闻言哈哈大笑，十分佩服王僧虔的回答。

王僧虔没有因为与齐太祖争天下第一而丢掉性命，同时又能够不畏权势而保全家族的名誉，完全是因为他懂得谦让和圆融的道理。如果我们能在人生路上，时时放下虚名浮利，凡事谦让三分，自然天宽地阔。因为胸襟宽广的人如同大海，海纳百川，自然可以拥有宽广的人生。

其实，放下并非力不能及的无奈，也不是畏惧权贵的谄媚。放下，是超脱于世俗诱惑的困扰，圆融处世的智慧。只有懂得放下名利的人，才能用豁达的态度看待世间一切，享受到内心的安宁与生命的美好。

3. 莫让虚荣拖累了心灵

我们经常碰到虚荣的人，觉得与他们交往很痛苦。当然，有时候我们自己也难免虚荣一回，在朋友面前夸耀一下自己某一方面的优长。其实，虚荣的人往往内心很脆弱，他们因为担心别人的眼光而内心无法安静，同

时又因为每日自吹自擂而感到身心俱疲。所以，我们可以说虚荣是心理的病症，是一种扭曲的自尊心。所以，对于虚荣，唯有学会舍得与放下，内心才能恢复健康。在生活中，我们要想善待自己，必须先学会放下虚荣。

因为如果生活在别人的眼光中，不论自己幸福也好，痛苦也罢，永远无法感受到真实的自己。"直到你失去了名誉之后，你才会知道这玩意儿有多累赘，才会知道真正的自由是什么。"旷世巨作《飘》的作者，玛格丽特·米切尔对此深有感触。

在鸟儿的王国里，每一只鸟儿都认为自己最漂亮，它们也常常因此争吵不休。作为众鸟之王的老鹰不堪其烦，准备在森林中搞一场选美比赛，从此终结这个嘈杂的世界。

众鸟都为了争夺选美比赛的第一而跃跃欲试，孔雀和天鹅在众多鸟儿中格外出众。孔雀展开自己华丽的屏风，扬扬得意，天鹅却讽刺它说："你浑身花里胡哨的，不知道以白为美吗？"其他鸟听了以后，纷纷效仿天鹅，跳入水中。结果，不但没有一只鸟洗白，倒是有不少鸟儿患上感冒，水上留下了许多羽毛。

乌鸦本来长得一身漆黑，与本次选美的冠军无缘。但是它看见其他鸟儿的羽毛，计上心来，就把那些羽毛全贴在自己身上。等到选美活动公布结果时，出乎所有鸟儿的意料，竟然是变身"彩鸦"的乌鸦夺冠。鸟儿们义愤填膺，冲上前去，把"彩鸦"贴在身上的羽毛拔个精光。结果乌鸦又露出了自己身上的一片漆黑，最后羞愧无比地躲进丛林深处去了。

乌鸦本来想自我炫耀，结果却失了身份，在无趣中现了原形，最终成了整个鸟儿王国的笑柄。在人类的世界里，懂得放下虚荣的人并不是很多。人们往往不懂得，虚荣就像乌鸦身上的彩色羽毛，一旦暴露，丢失的不仅是外表，还有自己的尊严。正如莎士比亚所说："爱好虚荣的人，是用一件华丽的外衣来遮盖一件丑陋的内衣。"伟大的寓言家伊索，则直接指出："向往虚荣的利益，往往会丧失现在的幸福。"由此我们可以知道，与其让虚荣把自己的内心压得喘不过气，倒不如看轻美丑，珍惜生命中的质朴与纯真。

所以，我们与其为了可怜的虚荣，而注重于外表的修饰，倒不如潜下心来，充实自己的心灵。让自己的心灵学会舍得与放下：舍得让我们懂得知足，知足长乐；放下让我们知晓平淡，平淡是真。一个能够宠辱不惊的人，自然会拥有幸福的人生，同时别人也会深深地为这种真实的魅力所折服。

4. 人生的悲剧，源于贪婪

物竞天择，适者生存。为了适应生存，几乎所有的生命体都在变化。树叶夏荣秋落，鸟儿来往迁徙，人类的科技日新月异。但是，人类在适应生存的同时，还表现出了贪婪和自私。

现实生活中，我们的内心往往充满了欲望，凡事只考虑自己的利益，却没有看到，自私和贪婪会让我们失去所拥有的一切。曾子说："有德此有人，有人此有土，有土此有财，有财此有用。"意思是说：有道德的人才能凝聚人才，有了人才才能有生长财富的土壤，有了土壤才能生长财富，而对于财富，应该物尽其用才对。因此，如果我们跳过品德、心态的修养，直接去追逐、争抢财富，那么就会有自取灭亡的危险。

从前有兄弟两个，大哥憨厚老实，小弟精明能干。大哥的妻子有病，他希望自己可以有足够的钱把妻子的病治好。小弟希望自己有所成就，成为人上人。

后来，两兄弟听说东海深处的一个小岛是神仙的住所，岛上有一棵能满足人们愿望的神树。于是两兄弟开始坐船向那个神秘的小岛进发，

一路上遇到了风浪和很多的困难。但是他们相互团结，乘风破浪，没有食物了就吃生鱼，感到绝望就互相鼓励，凭着这种毅力，他们终于找到了那座神仙居住的小岛。

但是这个岛上有很多的树木，于是两个人来到岛上开始去寻找那棵可以让人心想事成的神树。大哥突然发现，岛上所有的树都高大参天，只有自己面前这棵小树与众不同，只比自己高不了多少。于是他就默默地许下自己的心愿，希望可以在艰辛的旅途之后能有一顿便饭果腹。没想到那棵小树上真的结出了一碗米饭和几盘素菜。大哥十分高兴，就坐在那吃了起来。饭饱之后，他就许愿得到一笔钱，能够治好妻子的病，然后拿着树上结出的钱准备离去。这才想起了自己的小弟，就去寻找他。

当他带着小弟来到这棵神树面前时，只见小弟两眼放光，欣喜若狂。他不住地许愿，大把大把的金钱从树上落下来，他还是觉得不够，又怕自己的大哥跟自己抢，就打发他先划船回去。

大哥归家心切，于是便踏上了归程。但是越想越为弟弟担心，于是半路又折了回来，结果发现小弟由于一直在许愿得到更多的金钱，竟然没时间吃饭，最后饿死在了钱堆里。

憨厚老实的大哥很聪明，懂得取舍有度，他只想得到能为妻子看病的钱，并没有过多的欲望。而精明的弟弟却显得太过愚蠢，竟然把自己的哥哥赶走，最后人心不足蛇吞象，饿死在了金银堆里。如果弟弟不那么贪婪，学会知足，不跟自己的哥哥争利益，让哥哥留下来互为照应，那么也不会有故事中的悲剧发生了。

生活中，我们需要学会放下贪婪，对于利益学会知足。因为贪婪的人必定走入深渊，最后迷失本性，无法解脱。而且，不知足的人看世人都是与自己争利的敌人，内心永远无法安宁。屈指算来，人生在世不过数十载，用来修行自己内心的时间并不多，又哪有时间去执着于那些身外之物？况且，身外的利益生不带来，死不带去，为了它而虚耗光阴是何等不明智啊！

5. 退一步海阔天空

生活中，我们常常看到两个人为了面子而争论不休，最后从学术问题上升到道德问题，又从道德问题演变成人身攻击，甚至弄到大打出手，最后老死不相往来的局面。所以，无谓的争论，结果非但对自己毫无益处，而且往往与人结怨，将自己困在人际关系的孤岛之中。

其实，很多事物的对错，不会只有一面，所以也就无法用简单的对错来下结论。对于无谓的争执，聪明人懂得放下固执，后退一步，成全别人的自尊，同时也是成全自己人生的安乐。

在孔子的故乡——山东曲阜流传着这样一个故事。一天从远方来了一个一身绿衣的年轻人，他找到孔子的一个弟子，问他："你是孔子的弟子吗？"

这个弟子很骄傲地答道："是啊。"

"作为孔子的弟子，你懂的东西一定也很多喽？"绿衣人问。

"不敢当，但是自然是懂一些的了。"弟子虽然有些纳闷，可也不想让人小看。

"那我想请教一下，一年有几个季节呢？"绿衣人接着问道。

这个弟子一听这个问题，更加纳闷了，心想，怎么有人问这么简单的问题。于是不屑地答道："谁不知道一年有四个季节。"

"不对，是三个季节。"绿衣人争辩道。

"不对的是你，明明是四个季节。"这个弟子十分恼火。

"既然没法说服对方，不如找个人给咱们评评理。"绿衣人出了个主意，"如果是三个季节，你给我磕三个头认输，如果是四个季节，我给你磕三个响头赔罪，怎么样？"

这个弟子一听，满口答应，心想自己赢定了。恰巧这时孔子出来了，弟子赶紧上前去说明了刚才的情况，并且请老师评理。

孔子打量了一下绿衣人，对弟子说道："一年应该是三个季节，你输了。"

弟子一脸吃惊地望着老师，心里满是委屈与疑惑，又不敢跟老师争辩，只好乖乖地磕头认错，绿衣人这才满意地走了。

事后，弟子问孔子道："老师，一年明明是四个季节，您刚才怎么说三个呢？"

孔子笑道："你没看到刚才那个人一身绿衣吗，他明明就是蚱蜢变的，一生只经历过春、夏、秋三季，从来没见过冬天，你跟他争辩是不会有结果的，最后动起手来，吃亏的还不是你？你呀，就当在争辩对错这件事上吃一堑长一智吧！"

故事中的弟子不懂得退后一步的道理，与人争辩，最后自己只好磕头认错。还好，有孔子告诉他退后一步的道理，才不至于犯下更多的错误。在生活中，无休止的争辩只会徒增烦恼，倒不如向后退一步，学会吃亏，因为肯吃亏的人，才能有胸襟容纳福气。

富兰克林年轻时也喜欢与人争辩，经常纠正别人的错误，人家心有不甘，最后就免不了发生争辩。直到有一天，一位朋友把富兰克林叫到一旁，对他说："你真是无可救药。你已经打击了每一个和你意见不同的人。你的意见变得太珍贵了，使得没有人承受得起。你的朋友发觉，如果你不在场，他们会自在得多。你知道得太多了，没有人能再教你什么；没有人打算告诉你些什么，因为那样会吃力不讨好，又弄得不愉快。因此你不可能再吸收新知识了，但你的旧知识又很有限。"

伟人就是伟人，富兰克林很快学会了放下，懂得了不与人争对错的道理，他在自己的自传里写道："好争辩的癖性，容易使人养成很坏的习惯，把那种不切实际的争论带到伙伴之间，会使人很不愉快，其结果不仅破坏交谈的气氛，引起人们的厌恶，甚至会使本来可以成为朋友的反而彼此结仇。

富兰克林在朋友的提醒下终于明白了，争辩对错，不但让自己失掉朋友，同时也失掉了学习的机会。而不随便与人争论，处处忍让，看上去似乎是吃亏，却赢得更多与朋友学习的机会。所以说，吃亏就是福。

生活中，我们也不能自以为是，总想在争论中战胜对手。因为只有舍去自己的固执，才能得到真正的智慧；只有学会自己退一步，包容不同的人，才能成就圆满的人生；学会包容不同的意见，才是真正的学习。

6. 别让"聪明"害了自己

如果一个人总是喜欢显示自己比别人聪明，那么我们会说这个人只是耍小聪明，因为一个人在竭力展示自己的聪明时，往往不经意间伤了他人的自尊，最后难免自食其果。真正的智慧是：聪明外露，不如智慧深藏。所以，我们一定不要自作聪明。

生活中，很少有人愿意承认别人比自己聪明，因此便很少有人知道聪明和愚蠢往往只有一线之隔。其实，当一个人竭力表现自己的聪明，以显示其他人不如自己时，也往往是他最愚蠢的时候。因为当我们显示自己的聪明时，很容易威胁到别人的自尊，从而种下忌妒的种子。而这忌妒或将化为毒箭，蓄势待发。今日凭借聪明压制别人，明日就会因为聪明而受制于人。古往今来，这样的例子数不胜数。

《三国志·魏志·武帝纪》就记载着一个曹操和杨修之间的故事。曹操与袁绍交战相持，某夜杨修在曹操营帐中，恰好赶上值夜的将领请示曹操今晚的行军口令，曹操此时正在吃一块鸡肋，由于战事僵持，烦躁的他扬了下手中的鸡肋说："就拿这个做行军口令吧。"

　　杨修回到自己的营帐之后，就开始打点行李准备撤退。帐中其他的人都很纳闷，因为并没有听见撤退的命令，就问杨修为什么要收拾行李。

　　于是杨修不慌不忙地说："所谓鸡肋，食之而无味，弃之尚可惜。今主公以此为令，不喻此行，退之为上策，故如是。"就是说，主帅虽然没说，但是他的心思我早已经猜透了，同时还劝其他人也赶紧收拾行李，省得到时候因为临时撤退而手慌脚乱。

　　这件事很快就传到了曹操的耳朵里，他得知后十分生气，在当下这个结果不明的战局中，杨修的做法无疑是在曹操烦乱的心头火上浇油。最后，曹操就以扰乱军心之罪将杨修斩首示众了。

　　一代才子杨修之所以会聪明反被聪明误，完全是因为犯了聪明外露的错误。为了炫耀自己的才华，竟然忘了自己的身份，不顾军中规矩，透露主帅行军意图，这显然不是大智慧，而是小聪明。其实，喜欢炫耀、自负轻狂，在上司的眼中是一种不服从命令、难以辖制的信号，最后不仅不能展示自己，往往聪明反被聪明误。而真正的聪明人，应该表现得大智若愚，以此来保护自己免受猜忌。历史上也不乏这样真正的聪明人。

　　战国末期，秦国吞并天下的战争连连告捷，大将王翦奉命出征，他此次出征将带走全国一半以上的军队，而且全部是精锐之师，可谓是胜券在握。但是王翦将军似乎完全没把心思放在战场上，直到出发前还在向秦王请求赏赐良田大屋。

　　秦王被他弄得有些不耐烦，就说："将军放心出征，我自然会论功行赏，你又何必对自己家里的事放心不下呢？"

　　王翦却完全"不识时务"，在秦王为军队送行的酒宴上竟然说："做大王的将军，有功最终也得不到封侯，所以趁大王赏赐我临行酒饭之际，我也斗胆请求赐给我田园，作为子孙后代的家业。"

　　秦王觉得自己这个大将军实在是有点没出息，竟然主动伸手来要赏赐。但是考虑到前方的战场非王翦不可，又不想在临行之时动摇了他的军心，于是就答应了王翦的要求。

出人意料的是，王翦将军到了潼关又派使者回朝请求更大一点的良田，秦王哭笑不得，也爽快地应允了。

这时王翦手下的心腹谋士劝他应当以军务为重，不要目光短浅地只顾自己的个人利益。王翦这才支开左右，坦诚相告："我并非愚蠢贪婪之人，之所以一再向秦王伸手要赏赐，是因为秦王多疑，现在他把全国的精锐部队交给我一人指挥，心中肯定会不安。所以我一而再再而三地请求他赏赐我田产，表面上是为自己和子孙后代的私利打算，实际上是为了让秦王安心。他觉得我只会考虑眼前的利益，并没有自立为王的大志，也就不会怀疑我造反了。"谋士听后对王翦的聪明深感佩服。

王翦用自己的"贪心"来让秦王放心，因为他所贪图的不过是良田房屋，这些都是秦王所能够满足的东西。假如王翦兵权在握，却自作聪明，一点要求也不提，那么秦王就要对他有所猜忌了。再加上古代通信困难，秦王身边难免有人恶语中伤，到时候王翦就难免要落得个"鸟尽弓藏，兔死狗烹"的下场。

所以，在生活中，有大智慧、大聪明者，往往行为很低调，不会表现出过人之处。那是因为他们懂得保护自己，明白自己应该放下小聪明，而去追求大智若愚、大巧若拙的人生境界。

 ## 7. 笑看风雨，享受淡然人生

"宠辱不惊，看庭前花开花落；去留无意，望天上云卷云舒。"这是《菜根谭》的作者洪应明所写的一副对联，也正是我们在生活中，难以得到的一种淡然与平静。

有一种心态叫
>>>>>> 放下

生活中，庭前的花开花落虽好，却不如权利的得失让人动心；天上的云卷云舒虽妙，却不如名誉的宠辱让人牵挂。所以，很多人便难以学会放下世间荣辱，感悟那种淡然的内心境界。

一个人的修养功夫，唯有做到心如止水，才能享受淡然的人生。在魏晋南北朝时期，人们尤其注重这种修养。刘义庆的《世说新语》更是将这种魏晋风度描摹得入木三分。

东晋时，掌管最高军事权力的官职是太尉，当时担任太尉一职的大将军叫郗鉴，他有个宝贝女儿国色天香。郗鉴自然也是爱如珍宝，视为掌上明珠。但是女大当嫁，当时，人们讲究门第等级，门当户对，郗鉴对自己女儿的终身大事自然格外重视。

当时的宰相王导极具盛名，而且王氏当时也是朝中的权贵家族，再加上王导家里的子侄辈在社会上也都很有名气，郗鉴就派人到王导家去选女婿。王导的儿子和侄儿们听说太尉家将要为郗鉴那个国色天香的女儿来提亲，自然是纷纷乔装打扮，等选婿的人一来就个个拼命表现，希望被选中。只有一个少年好像什么也没听到似的，既不打扮自己也不抢着出风头，露着肚皮躺在东厢房下的竹榻上一手吃烧饼，一手比画着衣服。

来人回去后，把看到的情况禀报给郗监。当他知道东厢房下的榻上还靠着一个不动声色的年轻人时，不禁拍手赞叹道：这正是我要的女婿啊！于是郗鉴便把女儿嫁给了这个少年。而这个少年正是年轻的王羲之，后来他被人们称为书圣，他的书法作品《兰亭集序》被称为天下第一行书。而这故事也成了"东床快婿"和"坦腹东床"这两个典故的出处。

王羲之因为不与人争，最后被大将军郗鉴选为东床快婿。其他的王氏子弟反而因为过于表现，与好姻缘失之交臂。这就是争就是不争、不争就是争的道理。

在生活中，我们所追求的功名利禄，就好像庭前的花朵，开了又谢，谢了又开。所以，一个人的内心世界，应该像广阔的自然，而不应为了某一朵花的荣枯而有所挂怀。我们要想享受幸福的人生，就应该学会淡然地处世，笑看风雨彩虹，不计得失荣辱。如此才能将名利富贵看轻看淡。也只有这样，才能品出生活的味道，享受淡然的人生。

8. 修剪欲望之树，让生活回归简约

现实生活中的纷繁复杂，常常让我们内心不能平静。物质世界中的各种欲望，每每摧残着我们的坦然。我们内心的各种欲望不断滋生，就像一颗种子，在心里生根、发芽，不断成长、壮大，伸展出越来越多的枝枝杈杈。其实，我们应该学会修剪自己内心的欲望之树，因为人生的幸福与快乐，应该来源于内心的平静与简约：简约使人快乐，平静让人幸福。

随着人生阅历的不断积累，我们可以发现，不论环境的纷繁复杂还是内心的种种欲望，生活总要归于简单与安宁。由于人的生命只在一呼一吸之间，所以，与其用生命去追逐欲望，倒不如用呼吸来吐故纳新。吐故就是把那些污浊的欲望吐出体外，纳新则是把纯净的想法吸收到体内。如此让自己的思想和身体不断升华，才能为自己获得平静与简约的生活创造心灵的基础。

在古希腊的历史上有一位葛第士，他是佛里几亚的国王。他曾在战车的横梁上打了一个结，由于这个结十分复杂，所以没有人能够解开。这位葛第士国王曾预言，能够打开这个结的人可以征服整个亚洲。自从葛第士创造了这个结以后，有很多人慕名而来，可惜都无功而返。

直到了公元前334年，亚历山大来到了葛第士绳结前，当人们向他讲述了这个结的传说之后，亚历山大不假思索地拔剑砍断了绳结，解开了这个困扰人们多年的问题。

后来葛第士的预言成真，这位解开绳结的亚历山大大帝果然一举占领了亚洲波斯帝国，而波斯帝国的面积整整比希腊大50倍。

亚历山大用简单的方式解开了生活中的难题，我们也可以用简单来解开人生的难题。人生中的种种欲望，就像一团乱麻，快刀斩乱麻，就是放下内心的种种欲望，如此才能不被世俗的绳结所羁绊。因为正是对于欲望的执着而产生的痛苦，让我们无法获得幸福的生活。

在一个村庄外的丛林里，生活着一群猴子，这些猴子非常喜欢偷吃玉米，农民辛勤忙碌一年的成果往往被它们偷去了。而当地的农民对这群猴子恨之入骨，但是又毫无办法，因为猴子们往往夜间行动，农民们没有时间照看庄稼，结果玉米常常在一夜之间被洗劫一空。

无奈的村民只好向当地的一位智者求助，智者为了帮助村民，就给他们出了个主意，并告诉他们，抓住猴子以后不要伤害它们的性命。村民们自然答应，按照智者的方法去做，果然杜绝了猴患。

原来这些猴子都有贪得无厌的习性，智者正是根据猴子的这种习性，发明了捕猴的方法。他让农民把一些葫芦形的细颈瓶子拴在山脚的大树下，然后在瓶子中放入猴子最爱吃的玉米，只等着猴子上钩。

到了晚上，猴子们果然来到树下，见到自己爱吃的玉米自然十分高兴，就把爪子伸进瓶中去抓玉米。这瓶子肚大口小，猴子的爪子空着时刚好能够伸进去，一旦抓了玉米就怎么也拿不出来了。而猴子的习性十分贪婪，无论如何不会放下已经到手的玉米，所以它们的爪子一直抽不出来，直到第二天早晨，农民抓住它们的时候，它们依然抓着玉米不放。

猴子因执着于玉米，最终被人俘获，人类以为可笑。而生活中的我们，或执着于琐屑，透支着自己的生命；或执着于情欲，透支着自己的青春；或执着于弄权，透支着自己的道德。如此种种，都要等到生命弥留之际，才能醒悟，可惜悔之晚矣。

所以，我们应该学会将执着放下，把烦恼看开。其实，悲欢离合，不过是人生的缘，缘聚缘散，生命总不会停息；天资锐钝，不过是自己的根，根深根浅，大树总要生长繁茂；家境贵贱，不过是一时的运，运去运来，人生总要向前。

生活中，我们要学会修剪自己的欲望之树，让心境归于平淡，把生命恢复简约。如此，才能明白，幸福喜乐常在自心深处，而不需外求。

9. 不可一条道走到黑

执着于名誉的人，往往为了名誉而身败名裂；执着于财富的人，往往为了财富而倾家荡产；执着于权力的人，往往为了权力而沦为阶下之囚。因为执着是一条不归的绝路，放下才是通向幸福快乐的坦途。放下名誉，我们可以享受平凡的乐趣；放下财富，我们能够看到朴素的价值；放下权力，我们可以尽享天伦之乐。

英国心理学家威廉，一直致力于研究人的精神对现实生活的影响。他曾花费了十几年的时间，用小白鼠做过上千次的实验。

实验的具体内容是在关有小白鼠的笼子周围点燃不同的香精。这些香精能够对小白鼠不同的精神区域产生不同的刺激。威廉说，这些不同的香精对小白鼠的刺激，代表了人在社会中不同的需求：有的代表名誉，有的代表权势，有的代表财富，有的代表美食。

在实验室里，威廉用这些香精日夜熏染着小白鼠，而被关在笼中的

小白鼠们，享受着自己身边的香精，精神变得异常兴奋。它们每天吃得香甜，睡得安稳，总是一副精气十足的样子，好像所有的事情都尽在它们的掌控之中。

但是，实际上一切都掌控在做实验的威廉手中。为了进行下一步实验，威廉开始逐渐把笼子外边的香精撤走。这时，他发现无论拿掉哪一种香精，小白鼠都会敏锐地察觉到，并为此而感到焦虑。随着香精的不断减少，小白鼠的焦虑也日益加深。当笼外的香精所剩无几时，曾经神气十足的小白鼠开始在笼子里团团打转，它竭尽自己的全力想要找回香精，常常一连几天不吃不喝，日夜不眠。当威廉撤走最后一种香精后，笼中的小白鼠彻底崩溃了。它们开始拒绝吃喝，精神萎靡。同时，它们的免疫力也开始下降，患上了各种疾病，最后，只能在绝望中死去。

实验中，小白鼠得到的香精越多，就越发依赖于香精带来的感官刺激。生活中，人类对于名誉、财富、权势的执着，也是一样的道理。为了不断追求更大的成功，取得更新的成绩，人们往往不知满足，铤而走险。最终的结果，往往是被执着所害，倒在了追求"幸福"的道路上。

在古代的欧洲有一位受人尊敬的技师，他的名字叫迈克尔。他是一个才华出众的人，不论多么离奇古怪的难题，到了他手里总是迎刃而解。同时，他还发明了大量的新鲜玩意儿，来改变人们的生活。所以，在众人的眼里，迈克尔是博学多才的学者；在众人的心目中，迈克尔是挑战难题的英雄。

有一次，迈克尔纵身跳下十米高的高台，然后靠着湖面的缓冲和自己精确的入水角度，毫发无损地回到了地面。目睹这一奇迹的人们大声欢呼，称赞着迈克尔的勇敢与矫健。迈克尔在群众的欢呼声中也变得异常激动，于是他又登上了二十米高的高台，准备创造一个新的奇迹。

他的好朋友拦住他说："这一次太危险了，你还是不要冒险的好。"

迈克尔却说："在你的眼里这是危险的，在我的眼里这却是一次挑战。这就是你我的不同，也是我和平庸者的区别。在挑战面前，我总是愿意尝试一下。"说罢，他从二十米的高台上纵身跳下。在场的每一个人都屏住呼吸，张大了嘴巴，现场一片安静。当迈克尔从湖水中爬上岸来，向人群致意时，人们沸腾了。因为从来没有人跳下二十米的高台而毫发无损，人们为迈克尔这一盖世无双的壮举而欢呼雀跃。他们齐声高喊着迈克尔的名字，把他的名字和英雄联系在一起。看着为自己而疯狂的人们，迈克尔沉浸在了无比的自豪和快乐之中。

从此，迈克尔勇敢的声名远播，很多人慕名前来邀请他表演他的跳水绝技。几年过去了，迈克尔无数次地从二十米高的高台上跳入水中，然后安然无恙地重返陆地。可是，观众们已经不像第一次看到时那样热情，迈克尔觉得应该迎接新的挑战，再创奇迹。

一天，一只小鸟拍打着自己的翅膀，从迈克尔眼前飞过。迈克尔盯着远去的小鸟，一个创意油然而生。他想，如果自己能够像小鸟一样长出一对翅膀，那么就可以从更高的地方跳下来而安然无恙了。

于是，迈克尔花了两天时间不吃不喝地工作，终于造出了一对漂亮的翅膀。他向社会上发出消息说，自己要戴着这对人造翅膀，从欧洲最高的塔尖跳下。这个消息很快不胫而走，一夜之间就传遍了整个欧洲。人们再一次为迈克尔的勇气和激情而狂热，他的支持者从四面八方赶来，每个人都想亲眼目睹迈克尔所创造的奇迹。

表演的日子到了，高塔的周围被围得水泄不通，连罗马的皇帝也亲自来捧场观看。这时，迈克尔的一个朋友费力地穿过人群，悄悄地对他说："我的朋友，你还是放弃这个危险的念头吧，如果你真的从这个塔上跳下来，最后一定不会有好结果的。"

迈克尔轻蔑地看着自己的朋友，不屑地说道："你要再次阻止我创造奇迹吗？马上我就要改变人类的历史了，现在我是不会因为你的话而改变我的决定的。"

他的朋友拉着他说："我衷心地希望你能成功，但是这次与跳水不同，下面是坚实的土地，你会摔得粉身碎骨的。"

迈克尔一把推开自己的朋友，说道："你还是走开吧，不要再啰唆了！"说罢，径直朝高塔走去。

当迈克尔站在塔尖上的一刻，所有的人都屏住了呼吸，广场上死一般的安静。这时，迈克尔的妻子赶到了现场，她大声呼喊着，希望阻止自己的丈夫做傻事。迈克尔向脚下看去，他现在的位置离地面足有一百多米。正在他犹豫的瞬间，看热闹的观众们开始齐声呼喊迈克尔的名字，同时传来雷鸣般的掌声和声嘶力竭的呼喊，他妻子的声音马上被淹没了。

迈克尔扬起自己的头，倾听着塔下的狂欢，这是他最后一次享受被人崇拜的感觉，在海浪般的掌声与欢呼声中，迈克尔摘下了自己制造的那一对翅膀，从高空中一跃而下。人们再次屏住呼吸，等待着这位英雄再次创造人类的奇迹。

可是奇迹终究没有发生，迈克尔就这样在自己的狂热与执着中结束了生命。

故事中的迈克尔之所以不断挑战跳水的高度，是因为太过执着于虚荣，被人崇拜已经成为他生活的唯一支柱。很多成功人士，也像迈克尔一样，执着于自己的成功，最后失去了人生的幸福。就像受过香精熏染的小白鼠一样，在执着中扭曲了自己的心灵，在扭曲中走向了绝望的人生。

其实，人的生命是有限的，而人的执着是无限的。把有限的人生投入到无限的追求执着中去，最终只会酿成人生的悲剧。获得幸福其实很简单，因为幸福并不需要拥有太多，而是懂得对现状知足。知足就是放下人生中的执着，把人生看淡，淡泊名利才能不被名利捆住了手脚；把人生看远，高瞻远瞩才能遇见美好的明天。

第四章

摒弃烦躁，人生难得是心安

　　烦躁就像一团火焰，煎熬着我们的内心。受挫时烦躁，往往造成意志的消沉；得意时烦躁，往往造成举动的张狂；等待时烦躁，往往造成事情的失败；成功时烦躁，往往造成人生的悲剧。烦躁是我们获得快乐与幸福的最大敌人，要想浇灭内心的这团火焰，必须还心灵以清净，看世界以超然。这样，才能通过清澈的内心，看到人生和世界的真相。

1. 人生难得是心安

人生在世，最难求的不是功名富贵，而是安心二字。功名虽然可以让我们享受特权，受到世人的尊崇，但是同时我们也会因为高处不胜寒而苦恼。富贵虽然可以让我们远离贫穷，满足物质上的欲望，但是同时我们也会因为财富的一时得失而不安。所以，不能安心的人，就会每天被外物驱使，心中酸甜苦辣，五味杂陈，不管哪一种滋味都会让人寝食难安。

其实，要想做到安心也很简单，只需要我们学会放下与拾起。放下内心的烦躁与愤怒，拾起生命的平凡与美好，慢慢地内心就可以获得安静了。

有一个小和尚，因为误入歧途，最后竟然产生了轻生的念头。

这一天，他独自一人走上悬崖，准备了此一生。就在他向前迈出最后一步的时候，身后有一只大手按住了他的肩膀。他转身一看，发现是寺中的老方丈。

小和尚的眼泪夺眶而出，他说自己已经万念俱灰，什么牵挂都没有了，觉得人生了无生趣，只想一死了之。

老方丈说："只怕事情并非如此，你先看看你手背上有什么？"

小和尚抬手看了看，觉得自己的手背上一无所有。

"那不是你的眼泪吗？"老方丈语气沉重地说。

小和尚不知道为什么眼泪夺眶而出，老方丈又说："再看看你的手心里有什么？"

小和尚摊开双手，仔细看着自己的手心，觉得自己的手心里一无所有。

老方丈笑着说："那不是一缕阳光吗？"

小和尚愣住了，对着手心里的阳光发呆。

老方丈接着说："其实除了眼泪、阳光之外，你还有师父和寺庙，是不是？"

小和尚连连点头，他知道自己还有很多没有拾起的美好，内心终于又对生命恢复了向往。

小和尚因为拾起了人生中的美好，而让心灵得到了安慰。由此可见，四大皆空，并非将世界看成一片死寂；心无杂念，也不是让心灵充满贫瘠。所以，除了放下之外，我们还要学会拾起善良、宽容、淡泊、宁静，只有这样才能安静自己的内心。因为心存善良，便能够与人为善，自然广结众生善缘；心存宽容，便能够处世达观，自然不被世事羁绊；心存淡泊，便能够万事不争，自然安身立命于世间；心存宁静，便能够得大智慧，看世界自然是一片坦然。

所以，我们既要学会放下，又要学会拾起。放下欲望与烦恼，拾起安静和美好，才是真正的人生智慧。

2. 人生苦短，莫轻易透支"今天"

威廉·格纳斯是一位著名的心理医生，在行医过程中，他接触最多的就是因焦虑和忧愁而生病的人，他们不是为过去烦恼就是为未来忧虑，长期闷闷不乐，毁坏了健康。为了能够更彻底地治疗这些人的病，威廉·格纳斯为他们开了一个极为简单有效的方子：他告诉这些病人，生命的每一个刹那都是唯一，只要尽力地过好生命的每一个刹那就可以

了。他的意思是说，只要把今天的事情做好，只要尽力地使当下过得快乐就可以了，无须再为明天或后天的事情担忧。

他说："我们生命的每一个时光都是唯一的，不复返的，所以我们要活在此刻，不要让明天或过去的忧愁将其浪费掉。只要你无限地珍惜此刻和今天，还有什么事情值得我们去担心的呢？每天只要活到就寝的时间就够了，不知抗拒烦恼的人总是要英年早逝。"的确如此，如果我们每天都处于忧虑之中，生命之线早晚会被过去与未来的事情拉断。

过一天算一天，如果我们将自己的精力用来更多地关注眼下的时光与日子，将日子分成一小段一小段的，所有的事情可能就会变得容易得多。如果我们只生活在生命的每一片刻，就没有时间去后悔，没有时间去担忧，烦恼也就不存在了。

从前有一座古老的寺庙，寺庙里长满了千年古树，很多人大老远的也要来看看这些古树，所以庙里一直香火旺盛。但是有利就有弊，一到秋冬之际，树叶就会落满寺院，尤其每次起风时，树叶总是随风飞舞落下。

于是庙里专门安排了一个小和尚负责清扫这些落叶。小和尚纵然勤快，可是落叶实在太多，尤其清晨起床时天寒地冻，所以他扫落叶实在是一件苦差事，一直想要找个好办法让自己轻松些。

后来有个年长一点的和尚看出了他的心思，就跟他说："我倒是有一个主意，明天你在打扫之前先用力摇树，把快要落的叶子统统摇下来，这样后天大树就无叶可落，你也就可以不用扫了。"

小和尚觉得这是个好办法，连声道谢。第二天他起了个大早，使劲地猛摇树，树上果然落下来很多叶子。小和尚很高兴，因为这样他就可以把两天的落叶一次扫干净了。这一天小和尚都非常开心，老方丈在一边看着，没有说话。

第二天，小和尚还是早早就起来了，想到院子看一下自己昨天的好办法奏效了没有。当他走进院子的时候，不禁傻眼了，落叶如往日一样满地都是。

这时老方丈走了过来，对小和尚说："傻孩子，无论你今天怎么用力，也没办法摇下明天的落叶来。"

小和尚非但没有悲伤，反而恍然大悟，因为他终于明白了，世上有很多事是无法提前的，着急也没有用，唯有认真地活在当下，才是最真实的人生态度。

既然我们今天无法摇下明天的落叶，那么我们今天也就无须为明天而烦恼。因为明天的狂风暴雨无法妨碍我们享受今天的明媚阳光。执着于也许可能发生的事情，反而会毁了我们眼前的美好。

"即使到了我生命的最后一天，我也要像太阳一样，总是面对着事物光明的一面。"这是英国诗人胡德的名言。当我们为了明天的事情而烦恼时，不妨想想这句话，抬头看看今天的太阳，学着放下内心的烦躁，寻找自己心灵深处的平和与喜悦。

3. 把握今天，活在当下

漫漫人生路上的时光只有三天：昨天、今天、明天。昨天早已是过眼云烟，今天正风驰电掣般飞过，明天还姗姗来迟。何必为明天还未到来的忧虑而惶惶不可终日，何必为过去的痛苦而毁坏现在的心情；过去的已经一去不复返了，再如何悔恨也无济于事。未来的还是可望而不可即，再怎么忧虑也只是你的空念。而今天的心、今天的事与现在的人，却是实实在在的，只有认真过好当下的时光，抓住当下的快乐，才能收获快乐的人生。

考古学家在古罗马的废墟里发现了一尊双面神像，考古学家觉得十分好奇，因为从来没见过这样的神像。考古学家终于忍不住问神像："你是一位什么样的神啊，为什么会有两张面孔呢？"

谁知神像竟然口吐人言，回答说："我的名字叫双面神。我可以一面回视过去，吸取教训；一面展望未来，充满希望。"

考古学家既惊讶又兴奋，随口问道："那么现在呢？你用哪一面来关照现在呢？"

"现在？"神像一愣，"我的双面都只顾着过去和将来，哪还有时间管现在？"

考古学家感慨说："过去和将来固然重要，可是我们唯一能把握的就是现在。如果不能抓紧现在，那么即使你对过去了如指掌，对将来清清楚楚，又有什么意义呢？"

神像听后竟然失声痛哭起来，说道："你说得没错，就是因为我只顾着过去和将来，抓不住最重要的现在，所以古罗马城才成了一片废墟，我自己也被人丢在了这里。"

说罢，神像自己竟然裂成了碎片。

双面神像的故事告诉我们：我们可以从过去吸取教训，但是不必为了昨天的伤心往事而懊悔烦恼。我们可以从未来获得希望，但是不要为了明天的美好憧憬而兴奋浮躁。我们主要的精力还是要放在现在，因为只有今天的努力才能够让失败变成教益，憧憬变成现实。

现实生活中，怀有"昨日已死，今日重生"的念头未尝不可，但是不要辜负了今天，让它白白死去。"过完今天，不想明天"的状态则是大错特错，因为正是明天的不可预测，才显得今天更加弥足珍贵。所以，我们要学会放下"昨天"和"明天"，同时懂得把握宝贵的"今天"，只有这样，才能把握住人生，获得人生的成功。

4. 换个角度，人生处处是"幸事"

有一位老妇人整天唉声叹气的，每天都在烦恼。一位智者问她为何每天都心情极其沮丧，她就说："我有两个女儿，大女儿嫁给了一个开洗衣作坊的人，二女儿嫁给卖雨伞的。到天阴下雨的时候，我就为我开洗衣作坊的女儿担心，担心她的衣服晾不干；到晴天的时候，我担心我那卖雨伞的女儿，怕她的雨伞卖不出去。"

智者闻言，对她说道："您是在自寻烦恼，其实您的福气很好，下雨天，您二女儿家顾客盈门；天晴时，您大女儿家生意兴隆，对于您来说哪一天都有好消息呀！您没必要天天烦恼呀！"

老太太听了这样的话，心里便轻松了一些。

其实，很多时候，我们的烦恼和痛苦，皆源于看问题的角度不同。所以，遇到生活中的难题时，我们只需要换个角度，便能看到生活中最为积极的一面。

古时的人都很相信征兆，有一位国王尤其迷信。一次，他梦见自己的国家山倒了、水枯了、花谢了，不禁被惊吓而醒。于是马上把这个梦告诉了身边的王后，并让王后帮他解梦。

王后沉思片刻，说："从梦中来看恐怕要大势不好。山倒了暗喻国王您的江山要倒；君是舟，民是水，水枯了，舟也不能行了，所以水枯了恐怕是指民众离心；花谢了自然是好景不长的意思。"

国王本来心中不安，听了王后的解释又惊出一身冷汗，从此身患重病，不能主持国家的政事了。

国王的宰相是一个聪明而忠心的人，听说了宫里的情况，连夜要求

参见国王，国王只得在病榻上接见了他。

"国王陛下，听说您龙体欠安，不知是什么原因，所以我特意来看望您。"宰相见到国王后很有礼貌地问候道。

于是国王就说出了他的心事，把自己的噩梦和王后的解释都一一道来。哪知宰相听后非但不替国王担忧，反而哈哈大笑起来。

"我的江山不保了，你怎么这样高兴，难道你要造反吗？"国王又气又恼。

宰相不慌不忙地回答说："恭喜陛下，贺喜陛下！这是一个大大的好梦啊。"

国王被他弄得一头雾水，就问："这怎么会是好梦呢？你快快道来。"

于是宰相解释说："您梦见山倒了，是指从此天下太平；水枯了，是指真龙现身，国王您是真龙天子；花谢了更是好兆头，因为花谢然后结果呀！"

国王听罢，全身轻松，大大赏赐了这位宰相，很快国王的病也痊愈了。

一个梦境，总是会有不同的解释。就像一枚硬币，总是有两面同时存在。烦恼的人只会看见不如意的世界，身体和心灵都得不到解脱。只有懂得放下的人，才能够全面地看待事情，进入解脱与喜悦的境界。

其实，人生在世，得失常在，烦恼和喜悦都是自己的内心所决定的。境由心生，说的就是这个道理。

北宋著名词人苏东坡一生喜欢钻研佛学，他在杭州做官时，与金山寺的高僧佛印成了好友，二人经常一块儿参禅打坐。

有一天，苏东坡正与佛印在一起打坐，忽然开口问佛印道："你看我坐在这里打坐像什么？"

佛印双目低垂，静静地说："我看你像尊佛。"说罢继续打坐入定。

苏东坡听了内心十分欢喜，就接着问佛印："你可知道我看你坐在那儿像什么？"

佛印依旧安坐不动，不在意地问："像什么？"

"我看你像一摊牛粪。"苏东坡说罢哈哈大笑起来。

苏东坡还有一个聪明伶俐的妹妹，对佛学也颇有研究。苏东坡回家就把白天的事情告诉给苏小妹听，炫耀自己的聪明，嘲笑佛印的蠢笨。

谁知苏小妹听后对哥哥说："你明明是骂了自己，还不知道呢。佛家讲见心见性。佛印说看你像尊佛，那说明他心中有尊佛；你说佛印像牛粪，想想你心里有什么吧！"

苏东坡听后恍然大悟，从此愈加尊重佛印，自己努力修行。

苏东坡与佛印的故事告诉我们，外界的一切境况，皆是我们自己内心的反映。如果内心烦恼，那么，看世界上的一切都是痛苦的。如果内心没有烦恼，那么，看世上的一切都充满了喜悦。

在生活中，我们应该学会随时保持平和的心态，自己获得喜悦的同时，把乐观带给别人。

5. 快乐的"钥匙"其实就藏在心里

萧伯纳曾经说过："痛苦的秘诀在于有闲工夫担心自己是否幸福。"那么我们由此可以领悟到，幸福的秘诀就在于内心没有时间担心自己是否过得痛苦。世上本无事，庸人自扰之。

生活中，我们常常无法得到内心的安宁，感到莫名其妙的烦躁。其实这也不过是我们内心有一些放不下的杂念在干扰我们的清净。或者是被自己的欲望折磨，或者是被别人的意见左右。有人甚至希望通过外界

的方法来清除自己内心的烦躁，殊不知心病还须心药医，只要自己能够放下心里的杂念，那么马上可以进入清净的世界。

从前有一个年轻人，因为觉得生活烦躁，于是四处寻找解脱的秘诀。

一天，他来到山脚下，看见绿草丛中有一个牧童正在悠闲地吹着笛子。年轻人便走上前去，问那个牧童："你那么快活，难道没有烦恼吗？"

牧童放下手中的笛子，回答说："我骑在牛背上，横笛这么一吹，就什么烦恼也没有了。"

听了牧童的话，年轻人十分兴奋。他赶紧接过牧童的笛子，试着吹了吹，结果烦恼仍在。于是他只好告别牧童，继续寻找解除烦恼的办法。

第二天，烦躁的年轻人来到一条河边，看见河岸上有一个老翁正在专注地钓着鱼。于是年轻人便走上前去，问那个老翁："您如此悠闲，难道心中不觉得烦躁吗？"

老翁笑着回答说："我坐在这里，静心钓一天鱼，就把什么烦恼都忘记了。"

年轻人听了老翁的话，十分兴奋，赶紧接过老翁的鱼竿试了试，结果还是没有放下心中的烦躁，于是他只好告别老翁，继续往前赶路。

第三天，年轻人在一个山洞中遇到了一位长者，便又向这位长者请教解除烦恼的秘诀。

长者听年轻人讲述了自己的故事之后，笑着问道："有人捆住你没有？"

年轻人听了之后，很诧异地答道："没有啊！"

长者接着说："既然没有人捆住你，你又何必寻求什么解脱呢？"

年轻人想了想，恍然大悟，拜谢了长者，回到了自己从前的生活，从此再也没有烦躁过。

其实，世界上根本没有解除烦躁的秘诀，不论是牧童的横笛还是老翁的鱼竿，都只是一种静心的手段罢了。真正导致我们烦躁的原因，往往是我们自己束缚住了自己的内心。

两个登山爱好者来到世界最高的山峰面前，其中一个年长的登山者仰望山顶，问路边的一块石头："石头，这就是世上最高的山吗？"

"大概是的。"石头懒懒地答道。

年轻的登山者也凑过来问道："你有什么需要的东西吗？我可以从山顶带下来给你。"

石头想了想，随口说："如果你真的到了山顶，就把那时候你最不想要的东西给我带回来吧。"

年轻人觉得石头的要求很有趣，就答应了。

于是两个登山者开始了他们的征程，他们的背影消失在了向山顶攀爬的路途中。石头依然每天无聊地躺在路边，直到很久之后，他看见那个登山的年轻人孤独地从山上走了下来。

石头连忙问："你们爬到山顶了吗？"

"是的。"年轻人有气无力地回答。

"那么，和你一起的那一个人呢？"石头见后面没有人下来，就好奇地问。

"他从山崖上跳下去了，永远不会回来了。"年轻人说罢满脸哀伤。见石头不解，就解释道："爬上世上最高的山峰，对于一个登山者来说，是他今生最大的追求。可是，当他实现自己的愿望后，也就没有了人生的目标，所以那位朋友最终选择了结束自己的生命。"

石头听了年轻人的解释之后，苦笑着问："那你呢？"

年轻人一脸木然地回答："我本来也想跳下去的，但是答应过你，把最不想要的东西带回来给你。现在我把它带回来了，那就是我的

生命。"

石头听后很高兴地说："那你就来陪我吧，刚好我一个人觉得十分寂寞。"

于是年轻人就在石头的旁边住了下来，每天的日子过得清淡平和，年轻人开始喜欢在纸上随手画点什么。久而久之，纸上的线条渐渐清晰了，色彩也越来越具有感染力。后来，年轻人成了一个画家。许多年过去了，昔日的年轻人成了老人。他再也没有烦恼过，每天过着清淡平和的日子。

当故事中的年轻人怀着烦躁的心情去登山，登顶之后反而产生了轻生的念头。当他怀着平和的心情去画画，反而成了一位画家。其实，年轻人的前后遭遇并没有不同，只是他改变了自己的心境，懂得了放下烦恼，享受清净的道理，所以才重新找回了生活的快乐。

生活中，我们只有学会享受生活的清淡平和，放下内心的烦躁苦恼，才能取得成就，或者在取得成就之后又鼓起再次出发的勇气。其实，这个世界从来未变，真正决定我们幸福还是痛苦的，只有自己的内心罢了。

 ## 6. 要有耐心，勇于坚持才能成功

在当下这个浮躁的社会中，人们越来越缺乏耐心。很多人渴望一夜暴富，渴望一夜成名，但是没有人愿意在自己收获成功之前，努力积攒自己的能量，修炼一下自己的内心。

很多时候，成败的区别也就仅仅在于是否能够放下烦躁，拿出耐心来坚持下去。有时需要我们坚持几年，有时需要坚持一年，有时需要我们坚持几天，有时仅仅需要我们坚持一下而已。

在一个小山村里，住着一对兄弟，兄弟二人以打柴为生。在一次上山打柴的途中，兄弟俩偶然救了一位跌入山谷的老人，老人为了答谢他们的救命之恩，就将自己祖传的酿酒之法传授给了两兄弟。方法虽然烦琐，但是并不难办到。首先要把在端午那天收割的米，与冰雪初融时高山流泉的水调和。然后将水和米装入紫砂土制成的陶瓮，再用初夏第一张看见朝阳的新荷覆紧。最后将这个陶瓮密封七七四十九天，直到鸡叫三遍后方可启封，美酒就酿好了。

兄弟二人谢过老人之后，开始试验老人所传授的酿酒之法。在历尽千辛万苦，跋涉过千山万水之后，他们终于找齐了所有的材料。按照老人所说的方法，将这些原料细心调和密封，兄弟二人开始潜心等待美酒酿好的时刻。

七七四十九天，对于两兄弟来说是一个非常漫长的过程，他们耐心地等待着，直到第四十九天到了。两人整夜都没有睡，等着鸡鸣的声音。

很快地，远方传来了第一遍鸡鸣。兄弟二人脸上露出了开心的笑容。过了很久很久，才响起第二遍鸡鸣。兄弟二人的眼里露出了喜悦的光芒。又过了很久很久，第三遍鸡鸣还是没有响起。两兄弟中的弟弟已经完全失去了耐心，他迫不及待地打开了陶瓮，结果被眼前的一切惊呆了。陶瓮里发出一阵酸臭，尝一口里面的水，像醋一样酸，又像中药一般苦，他后悔自己竟然花费了这么多精力和时间来试验老人的酿酒之法，最后失望地把"美酒"全都洒在了地上。

而兄弟中的哥哥，也同样感到烦躁不安。在等待第三声鸡叫的时候，他几次想要伸手打开眼前的陶瓮，但他最终还是咬着牙，坚持到了三遍鸡鸣响彻了天空。

当这个耐心等待的哥哥打开陶瓮时，他也被眼前的一切惊呆了。陶

瓮里散发出沁人心脾的香气，喝上一口，甘甜清冽的美酒让人顿时忘却了世间的烦恼。

兄弟两人同时酿酒，一个因为没能克制自己内心的烦躁，结果功亏一篑，把美酒酿成了又酸又苦的醋；一个因为有足够的耐心等待，终于功德圆满，得到了甘甜清冽的美酒。

生活中，我们给自己选择了一个人生目标，不论是长期的学习，还是短期的进步，都需要放下烦躁，拿出耐心来坚持下去。真正的成功往往属于能够坚持到最后的人。而最后的日子，有时候很长，有时候只是一瞬间而已。

对于那些无法放下内心烦躁的人，他们注定在人生的旅途中无法看到最美的风景，因为他们永远没有耐心走到自己的目的地。当有耐心、肯坚持的人从成功的远方寄来明信片时，他们才会懊悔自己虚度的人生，那时，后悔也晚了。

 ## 7. 沉默比争辩更有力量

生活中，我们难免遇到别人的毁谤、欺辱、轻贱、厌恶，如果我们不能放下自己内心的烦躁，那么很可能怒从心中起，恶向胆边生，干出什么后悔莫及的事情来。倒不如放下内心的烦躁，用沉默来回应世上的不善之言，让时间来证明一切。

苏东坡和金山寺的佛印交情甚好，两个人常常在一起参禅论道。

一天，苏东坡在百忙之中，不忘修行自己的内心，并把自己的心得做了一首五言诗。写道："稽首云中天，豪光照大千；八风吹不动，端坐紫金莲。"

　　写完之后，苏东坡对自己的杰作十分满意，于是想到了自己的好朋友佛印，希望他也能同自己一起探讨内心的所得。但是苏东坡当时在瓜洲，而佛印在金山，加之苏东坡公务缠身，所以他只好派一个书童过江去，将诗稿拿给佛印看。

　　书童到了金山寺，将诗稿交给了佛印。佛印看过之后，微微一笑，提笔在原稿的背面写了两个字，然后对书童说，这是他的批注，请他将诗稿带回给苏东坡。

　　于是书童渡江而回，将经过告诉了苏东坡。苏东坡满心欢喜地接过诗稿，迫不及待地想看看佛印的意见。结果只见诗稿背面写着"狗屁"两个字。

　　苏东坡看罢自然是又生气又不解，最后索性搁下手中的事情，亲自过江找佛印讨个说法。

　　谁知苏东坡的船刚一靠岸，佛印那里已经在岸边等候多时了。苏东坡见到昔日的至交，也顾不得寒暄，劈头问道："你为何骂我做的诗是狗屁？"

　　佛印只是微笑着看着苏东坡，慢慢地说道："居士不是自称'八风吹不动'吗？那怎么一个'屁'就把你吹过江来了呢？"

　　苏东坡顿时明白了佛印的意思，满脸羞愧，说不出话来。

　　苏东坡自认为修行得不错，却被佛印一试就露出了破绽。所以，真正的放下不是嘴上功夫，真正的修行也不是一时的忍耐。而是要把世间的烦躁真正地看透、放下，这样才能获得生活的安静、幸福。

　　生活中，我们难免遭到别人的误会，对于毫无缘由的侮辱和谩骂，我们与其争辩不休，倒不如泰然处之。因为辩解和报复，只会让事情扩张、恶化，同时与人交恶、结怨。倒不如选择有力的沉默，随着时间的推移，真相自己就会浮出水面。

　　曾经有一位叫白隐的禅师，因为处世平淡，智慧圆融，一直为人们

所尊重。

在白隐禅师的寺庙旁，有一家食品店，店主有个非常漂亮的女儿。有一天，店主发现自己的女儿怀孕了，于是异常愤怒，要女儿说出孩子的父亲是谁。在店主的严厉逼问下，未婚先孕的女儿吞吞吐吐地说出了"白隐"两个字。

店主听后，简直是怒不可遏。他到寺庙里找白隐禅师理论。明白了店主的来意之后，白隐禅师若无其事地说道："就是这样吗？"

后来，店主的女儿将孩子生了下来，愤怒的店主索性就把孩子交给了白隐。白隐禅师非常细心地照看着孩子，但是他的名誉已经彻底扫地。但他对于别人的冷嘲热讽，总是处之泰然，从来没有争辩过一句。

时间过得很快，一年之后，店主的女儿向自己的父母说出了事情的真相。原来孩子的生父并不是白隐禅师，而是他们隔壁的一位青年。

店主听了女儿的话，立刻跑到白隐禅师那里，不住地道歉，并请求将孩子带回自己家中。

白隐禅师将孩子交给了店主，也没有什么多余的争辩，只是淡淡地说道："就是这样吗？"仿佛之前什么事也没有发生过一样。

故事中的白隐禅师可以说是真正的修行人，他不但宠辱不惊，而且甘心代人受过，一句也不为自己辩解。也许，在很多人眼中，白隐禅师的做法过于懦弱和隐忍。其实，白隐禅师的内心世界，已经完全超越于世俗之上，完全放下了世间的荣辱得失，所以他才能够不受别人言论的影响。这不是麻木，而是一种放下的了不起的境界。

生活中，我们也许无法做到完全放下，但是我们至少应该学会沉默。用沉默来面对羞辱，用沉默来面对误解，用沉默来面对背叛。要知道，生活会给每个人一个公平的答案。

8. 莫为名利迷失了生活的根本

世界上的名利得失，每天都在轮番登场。今天享受爱情的人，明天可能为了失去爱情而痛苦和哀伤；今天享受名利的人，明天可能为了失去名利而烦恼和抑郁；今天享受成功的人，明天可能在失败面前悲观失望。

于是，人们说世事无常、苦多乐少。其实，人生烦躁的根源，完全来自自己内心的欲望。因为渴望得到，才会在失去时感到烦躁；因为害怕失去，才会在得到时感到不安。如果把世间的虚名浮利看轻看淡，那么人生就能获得真正的逍遥自在。

庄子在临终之前，他的徒弟们希望用隆重的葬礼厚葬这位老师。可是，庄子却对他的徒弟们说："我死后，尸体埋在这个世界上，天地就是我的灵柩，日月就是挂在我身边的玉符，天上的星辰会像宝石一样在我四周闪闪发光，所有存在的城镇，就是为我守灵送葬的人。何必还要什么厚葬呢？"

徒弟们又说："如果不让您入土为安，我们担忧乌鸦和鹫鸟会吃掉您的身体。"

庄子却又笑着回答说："在地上我会被乌鸦和鹫鸟吃掉，而在地下我会被蚂蚁跟虫子吃掉。反正都是被吃掉，你们为什么讨厌乌鸦和鹫鸟，却照顾蚂蚁跟虫子呢？"

庄子能在生死之间如此洒脱，完全是因为他放下了心中的欲望。内心没有一己私利，就会觉得天地广阔。一切的得失荣辱不过是天地间潮起潮落，不论如何变化，海水还是海水，蓝天还是蓝天。

生活中，如果我们能够随时放下心中的欲望，就能够随时看清人生的真相，那些为了计较得失而产生的烦躁，也就能够恢复平淡祥和。

已经走向社会的学生们，利用春节假期，去看望小学老师。一方面是叙叙师生旧情，另一方面也是同学聚会。刚开始，大家谈论着学生时代的旧事，气氛十分轻松欢快。后来，说着说着，谈到了当下的生活和工作，于是大家都开始抱怨。

这时，老师离开了学生们，从厨房里拿了一壶茶水和许多杯子，一边倒水，一边招呼学生们说："家里的杯子不够用，你们也不是外人，我就东拼西凑地找来了这些，你们自己动手拿吧。"

学生们自然也不拘束，大家七手八脚地自己拿杯子喝茶。最后，托盘里还剩下几个外表不好看的塑料杯子。老师就微笑着对学生们说："你们瞧，你们手里拿的都是陶瓷杯、玻璃杯，而这些不起眼的塑料杯，却没有人拿。我想问的是，你们拿杯子是为了什么呢？"

"喝水呀。"学生们异口同声地回答。

老师笑了笑，接着又问："既然是为了喝水，那么，为什么要在意盛水的器皿呢？"

这一次，学生们被老师问得哑口无言了。

这时候，老师语重心长地说道："刚才听到你们很多人都在抱怨自己的人生，觉得工作压力大，生活烦恼多。你们是不是忘记了人生本来的目的是什么？就像刚才你们喝水一样，目的明明是喝到水，却执意要选美的杯子，甚至在选不上好的杯子时，心生怨意。"

故事中的老师，巧妙地告诉学生们：生活就像是水，而名誉与地位，只是盛水的杯子罢了。如果我们过于在意自己手中的杯子，那么便品味不出水的清醇甘甜。

生活中，我们烦躁的原因，往往不是无法生存，而是无法满足自己的欲望。所以，放下烦躁的方法，并不是想办法去满足自己的欲望，而是学会简简单单地生存。简简单单地生存不是苟且度日，而是懂得放下烦躁，学会品味生活中最平凡的幸福滋味。

9. 开对人生的窗子

我们眼前的风景，无论日出日落、花谢花开，都是我们透过自己面前的窗子所看到的。而选择打开哪扇窗子，是完全由我们自己所决定的。

所以，我们每天都有很多次打开心灵之窗的机会，而打开不同的窗，就会看到不同的风景，正是不同的风景，组成了每个人不同的人生。

从前有一个善良的小女孩，住在自家的小阁楼里。

一天，当小女孩打开阁楼的窗子，看见邻居正在宰杀一条狗，而那条狗，正是平时常和小女孩一起嬉戏的玩伴。小女孩看着窗外的情景，悲伤得泪流满面。

这时，她的母亲走了进来，看到伤心的女儿，就连忙问她为什么哭得如此伤心。小女孩没有说话，只是双眼望着窗外。母亲顺着女儿的目光望去，知道了事情的原委，于是，她把自己的女儿领到阁楼的另一个房间，打开了这个房间的一扇窗子。窗外是一片美丽的草地，草地上开满了鲜花，五彩缤纷，争奇斗艳。花丛中，蝴蝶和蜜蜂忙碌嬉戏，几只小鸟落在栅栏上，慵懒地晒着太阳。

对着窗外的情景，小女孩转悲为喜，擦干了眼泪，开心地笑了起来。这时，母亲抚摸着女儿的头说："孩子，你之前开错了窗子。"

同一个阁楼的两扇窗子，让小女孩看见了不同的风景，产生了不同的心情。在生活的阁楼上，我们的心情完全掌控在我们自己手里：只要打开正确的窗子，就可以看到人生中的美景。如果眼前的一切让我们感

到绝望时，不妨换一扇窗子。

所以，人生中遇到了逆境，并不代表我们的人生将以失败告终，只说明我们眼下需要为成功积蓄力量。当我们身上的某种特质被别人嘲笑时，那也并不代表这种特质是我们的缺点，只说明我们还没有找到展示自己的平台。

一次绘画课上，老师让学生们画一幅春天的风景，要求突出大自然的色彩。一个小男孩的作业与众不同，因为他在自己的作业上画了棕色的草地和灰色的太阳。当他向大家介绍说，自己画的是绿色的草地和红色的太阳时，教室里顿时响起其他同学的笑声。

后来，当老师了解到他原来是一个色盲时，给他的作业打了80分，并告诉他："你虽然不能分辨一些颜色，但我相信，上帝绝不会让你的生命缺少任何一种色彩。"

第二次世界大战爆发后，部队开始大量征兵，而他成了一名狙击手。正是因为他是绿色盲，所以在训练过程中发挥出了惊人的天赋。对于狙击手来说，最关键的就是能够找到敌人的位置，而他能够轻松地从绿色的草丛中分辨出伪装色和绿草。

训练结束后，他和其他人一起奔赴了保卫祖国的前线。刚刚入伍一个多月，他就击毙了12名敌人。这完全得益于他的色盲天赋，使得他能在热带草原绿色的波涛中，一眼就分辨出钢盔和迷彩服与草地。

战争结束后，他一共击毙了38个敌人，他被授予了英雄勋章。他的名字——宾得，也被永远地载入了狙击手的史册。

宾得作为一个天生的绿色盲，当他打开绘画的窗子时，听到的是同学的嘲笑；而当他打开射击的窗子时，看到的却是英雄勋章。所以，这世上本不存在苦难与幸福之分，人的特质也没有缺点与优点之别。关键是能否放下自己内心的烦躁，用耐心去不断尝试，直到开对自己人生的那扇窗子。

第五章

生气不如争气

人生处处都有"气"：有志存高远的志气，有义薄云天的义气，有口不能言的闷气，有庸人自扰的闲气。愚蠢的人只会为了人生的不如意而生气，聪明的人则懂得发愤图强去争气。生气的人只会自寻烦恼，事情不会因为生气而改变，人生不会因为生气而幸福。只有争气的人才能走出人生的困境，用毅力去改变自己，进而改变这个世界。生活中真正的快乐与幸福，只属于争气的聪明人，而不属于生气的愚蠢者。

 1. 要战胜别人，先战胜自己

马克·吐温说：花儿在踩扁它的鞋底上，依然会留下自己的芳香。由此可见，心中埋着一颗愤怒的种子，无法开出安静淡然的鲜花。只有懂得放下愤怒的人，才能不迷失了自己的本性。

因为愤怒的人只想着战胜别人，从不努力战胜自己。由此可见，愤怒是一座牢笼，不能从中走出，便会被其苦苦囚禁。

在生活中，对于让我们挫败的人或事，我们应该学会放下愤怒，用一种洒脱的心态和自强不息的行动来回应。能够做到不愤怒、不苛求，才能达到一种自由自在的生活状态。

曾经有一位武术高手，跟着自己的师父苦练十年，然后下山参加一场国际武术锦标赛，他自以为稳操胜券，一定可以夺得冠军。

十年的功夫果然没有白费，他一路过关斩将，很快杀入决赛。但是在最后的决赛中，他遇到了一个实力相当的对手。看得出对方也是经过长时间勤学苦练的高手，于是双方都不敢怠慢，竭尽全力攻击对方。比赛十分激烈，形势也渐渐明朗起来。这位苦练十年的武术高手慢慢意识到，自己根本找不到对方招数中的破绽，而对方的攻击却往往能够突破自己防守中的漏洞。

最终的结果是十年功夫没有让他一举成名，而是败在了另一个高手之下。失败之后的武术高手异常愤怒，因为自己的十年苦练就这样被打败了。他连夜回去找到自己的师父，向师父说明了自己的遭遇，并决心报仇雪恨，希望师父帮他找出对方招式中的破绽。他决心根据这些破绽，苦练出足以攻克对方的新招，这样就可以在下次比赛时，打倒对方，夺得冠军的奖杯。

师父看着他一招一式地将比赛的过程重现出来，一直笑而不语。最后，见徒弟比画完了，师父在地上画了一条线，并且告诉徒弟，如果他在不擦掉这条线的情况下，让这条线变短，那么他就学会了战胜对手的新招式。

这位徒弟自然是百思不得其解，首先不知道画一条线和武术招式有什么关系，其次也实在不知道怎么能让那条已经定格的线变短。他苦苦思索了三天三夜，最后也没有什么办法，就再次向师父请教。

师父见他诚心求教，就领他到原来画线的地方，慢慢地在原先那道线的旁边，又画了一条更长的线。两者比较，原来的那条线，看起来确实显得短了许多。

徒弟还是有所困惑，不知道这和战胜对手的招式有什么关系。于是师父开口道："你下山去与人比武，失败以后就心怀愤怒，希望利用对方的破绽来报仇。可是你却没明白，夺得冠军的关键，不在于攻击对方的破绽，而是努力使自己变强。正如地上的线一样，你只有把自己变长了，对方才能在相比之下变得较短。如何使自己更强，才是解决问题的根本。"

徒弟听后恍然大悟，留在山上继续苦练，后来成了远近闻名的武术大师，一生再也没有因为技不如人而愤怒过。

不仅比武是这样，生活中的一切事情都是这样。要想让对手的线变短，唯一的办法就是让自己这条线变长。人生路上，我们会遭受无数的坎坷和障碍。只有放下一时的愤怒，学会包容与智慧，才能走好人生这条路。因为要想击败对手，必须先使自己变得强大。

 ## 2. 愤怒只会让人迷失自己

被愤怒迷住本性的人，心灵会被外物左右，看不到自然界的日升日落，望不见世界的地阔天宽。所以，不论遇到什么事情，我们时刻应该保持内心的清醒。

生活中，我们只有学会放下心头的愤怒，才能找回自己的心灵。仔细想想，天空中星斗漫天，我们又何必执着于眼前的蝇头微利；人生中沧海桑田，我们又何必在乎一时的得失荣辱。

其实，愤怒的情绪只能惩罚自己，于事无补；放下愤怒学会包容才能化解矛盾，消除误会。虽然我们包容的是别人，但是获得解脱的却是我们自己。难道不是这样吗？

从前有一位老者在寂静的森林中静坐，阳光透过树木的缝隙洒在地上，微风轻轻地拂过树梢，发出悦耳的声音。

老者正享受着自然的宁静，忽然，树林深处传来嘈杂的声音，而且声音越来越近，原来是一男一女在争吵着什么。

过了一会儿，一名慌张的女子从树林中跑了过来，手里拿着一个钱袋。之后又跑出来一名愤怒的男子，他四下张望，找不到自己要找的人，却看到一位老者坐在那里，就上前问道："老头，你有没有看见一个拿着钱袋的女子从这里经过？"

老者低垂双目，不慌不忙地问道："你为何如此生气？又为何如此焦急地寻找一个女子，有什么事吗？"

男人很不耐烦地说："这个女人偷了我的钱袋，被我捉到，我是不会放过她的！"

老者见这个男人越说越气，就忽然问道："寻找那个女人和寻找你自己，哪一个更重要呢？"

愤怒的男人被老者这样一问，反而愣住了，一言不发地站在那里。

"寻找那个女人和寻找你自己，哪一个更重要呢？"就在男子平息了愤怒，不知所措地站在那里时，老者再一次发问。

瞬间，男子平复了愤怒，向老者道歉。

故事中的男人，因为老者的提醒放下了愤怒，找回了自己内心的平和。生活中，我们却常常无法平复自己愤怒的情绪，内心经常得不到安宁。这就需要我们能够认清自己、提醒自己，才能把愤怒的情绪用在努力奋斗之中。

从前有一个年轻人，性格十分冲动，喜欢跟人争执。他想获得成功，但是知道自己的性格缺陷会阻碍自己，就去向一位智者请教。智者告诉他，想不生气很简单，只要你每次和人起争执的时候，就以最快的速度跑回家去，绕着自己的房子和土地跑三圈就好了。

这个年轻人十分听话，之后还是不免与人争执，但是每次生气，他都会按照智者教他的办法，跑完之后坐在自家的田地边喘气。

年轻人非常勤劳努力，所以他的房子越来越大，土地也越来越广。但是他始终遵循着智者的教诲，不管房子有多大，只要生气了，他就会绕着房子和土地跑三圈。

岁月流逝，当年的年轻人已经变成了一位老者，拥有了当地最多的财产和良好的名誉。有一天，从远方来了一个像他当年一样的年轻人，恳求他将不生气的秘诀传授给自己。老者很慷慨地说出来当年智者的方法，想不生气很简单，只要你每次和人起争执的时候，就以最快的速度跑回家去，绕着自己的房子和土地跑三圈就好了。年轻人听后还是不懂，就接着问，这个方法为什么会管用呢？

于是老者很耐心地解释道："我年轻时，也爱生气。我一和人吵

架、争论时，就绕着自己的房子和土地跑三圈，边跑边想，我的房子这么小，土地也这么小，我哪有时间和资格去跟人家生气。一想到这里，气就消了，于是就把所有时间用来努力工作。"

年轻人若有所悟，马上又问道："可是您后来房子越变越大，土地也越变越广，生气时还绕着房子和土地跑，管用吗？"

老者笑着说："后来我每次生气时，绕着自己的房子和土地走三圈，边走边想，我的房子这么大，土地又这么多，我又何必跟人计较呢？一想到这，气就消了。"

年轻人对老者心悦诚服，因为他学到了真正不生气的道理。

老者的智慧是：处在人生低谷时，应努力奋斗，没有资格生气。登上了人生顶峰时，应放下执着，没有必要生气。由此可见，如果我们不给自己烦恼，别人永远无法让我们愤怒。愤怒皆由自心而生，如果一个人在愤怒中迷失了自己，那么他将很难抽身，人生从此失去色彩，生活从此与喜悦无缘。只有及时自省，找回内心，才能走出困境，成功也会因包容翩翩而至。

 ## 3. 不要为了小事生气

我们的情绪常常被外界的事情影响，事情过后，发现让我们大发雷霆之怒的事情，竟是一些不起眼的小事。人的一生如果不能学会放下这些小事，而是每天活在愤怒与不安之中，那么此生与幸福恐怕难有缘分了。

生活中，也许同事的一句玩笑，家人的一声抱怨，皆可以让我们火冒三丈，毁了一天的好心情。其实，人的心灵就像一池清水，生活中的这些琐事就像一些小石子。它们固然可以泛起一阵涟漪，但是无论如何不应该让它们在我们的内心里激起惊涛骇浪。否则，不仅显得我们自己涵养不够，而且会浑浊了自己的内心，毁掉了身体的健康。

杨玢曾经做过宋朝的尚书，后来因为年纪大了，便退休在家，安度晚年。作为曾经的尚书，杨玢的物质生活自然很充裕，家里宅院既宽敞又舒适，家族的人丁也兴旺。

有一天，杨玢老先生正在读《庄子》打发时间，他的侄子忽然跑进来，大声说道："叔叔，不好了，咱们家的旧宅地被邻居给侵占了一大半，您快去看看吧！"

杨玢听后，一边看书一边说道："你不要急，慢慢地说。邻居是不是占了咱们家的旧宅地？"

侄子气愤地回答说："是啊。您一定不能饶过他们！"

杨玢微笑着问道："那么，占了咱们家旧宅地的邻居，他们家的宅子有多大？有我们家的宅子大吗？"

侄子不明白叔叔的意思，只得回答说："他们家的宅子怎么能跟咱们家相比，当然是咱们家的宅子大了。"

杨玢看看侄子，又问："既然咱们家的宅子已经这么大了，他们占些旧宅地，对我们有很大影响吗？"

侄子听叔叔这样说，马上说道："大的影响倒是没有，但是他们占地占到咱们家头上来了，就不应该放过他们！"

杨玢见侄子的怒气还是没有消除，于是指着窗外的落叶，问道："你看窗外的树叶，当它还在树上时，它是属于枝条的。但是到秋天，树叶枯黄落地，那时候，它又是属于谁的呢？"

侄子仍然不懂杨玢的意思，站在那里一言不发。

杨玢见他已经不像刚一进来时那样义愤填膺，于是直接告诉他说："我现在岁数大了，总有一天要离开这个世界。你虽然还年轻，但是也

有这样的一天。到了那个时候，争来的那一点点宅地对你我又有什么用处呢？"

说罢，杨玢随手写道："四邻侵我我从伊，毕竟须思未有时。试上含元殿基望，秋风秋草正离离。"

旧宅地被邻居侵占，在杨玢的侄子看来，是一件十分严重的大事，因而十分愤怒。而在杨玢本人眼里，土地不过是身外之物，所以能够淡然处之。

生活中，如果我们不能对一些让我们愤怒的小事淡然处之，那么自己恐怕就会身处危险之中。

传说中的吸血蝙蝠，不过是一种不起眼的小动物。它生活在非洲草原上，靠吸取动物的血生存。人们之所以对吸血蝙蝠心怀恐惧，是因为它虽然身体极小，却是野马的天敌。吸血蝙蝠在攻击野马时，首先附着在马腿上，同时，用锋利的牙齿极敏捷地刺破野马的腿，然后用尖尖的嘴吸血。但是吸血蝙蝠所吸的血量，对于强健的野马来说是微不足道的。而导致野马死亡的原因，正是野马自己的愤怒。

被吸血蝙蝠叮咬的野马常常表现为暴怒、狂奔。然而，无论野马怎么蹦跳、狂奔，都无法驱逐吸血蝙蝠。它们可以从容地吸附在野马身上，悠然地吸血，直到吸饱才满意地飞走。而暴怒的野马越是奔跑，越是增加自己血液的流出，最后就在愤怒中无可奈何地死去。

野马为了甩掉附着在自己身上的吸血蝙蝠而暴怒、狂奔，最后送掉了自己的性命。所以，真正害死野马的，其实并不是小小的吸血蝙蝠，而是野马自己暴怒的习性。

我们在生活中，难免会遇到一些不如意之事，没有必要小题大做，学会放下那些不值得愤怒的小事。否则，为了自己一时的愤怒而得罪了人，或者葬送了自己的生命，那就真的是因小失大了。

4. 包容别人，等于放过自己

对于别人的错误，我们应该时时怀着一颗包容的心。因为只有学会原谅别人，才能保持精神的愉悦和心理的健康。记恨别人的过错，等于用别人的过错惩罚自己，只能让自己与痛苦、压力为伍；原谅别人的过失，就是为自己积攒福气，能够让自己与快乐、幸福为伴。

生活中，我们遇到别人的错误，要为自己的幸福着想，多多原谅，多多包容，才能积攒大大的福气，享受幸福的人生。

一对老夫妻50周年金婚纪念日。亲朋好友来了很多，都纷纷祝福两位老人的幸福生活，同时也希望两位老人能够将自己保持幸福婚姻的秘诀传授给年轻人。

于是，老太太微笑着向来宾道出了自己的秘诀，她说："自从我们一结婚，我就知道自己的丈夫身上有很多缺点。于是，我准备列出他的10条缺点，同时向自己承诺，当他犯了这10条缺点中的任何一条的时候，我都可以原谅他。"

来宾们忙问："这就是您的秘诀吗？那10条缺点到底是什么呢？"

老太太露出了智慧的笑容，回答说："这就是我们的婚姻能够走到今天的秘诀。至于那10条缺点嘛，50年来，我都还没有完全地列出来。所以，每当我丈夫惹我生气的时候，我都对自己说：算他运气好吧，他这次犯的错误，正是我可以原谅的那10条缺点中的一条。"

来宾们听后哈哈大笑，不仅赞叹老太太的幽默，同时佩服她的智慧。

我们每个人都渴望美满的婚姻，都希望自己能够像故事中的那对老夫妻一样，可以走到自己的金婚纪念日那天。可是，漫漫婚姻长路上，

总少不了风霜雨雪、磕磕绊绊。那么，获得幸福的秘诀就是学会原谅对方的错误，懂得彼此包容。

其实，不仅幸福的婚姻需要学会原谅，幸福的人生更是离不开包容的力量。

战国时的楚庄王就很懂得用宽容来为自己积攒福气。一次，楚庄王在王宫举行盛大的宴会，宴请手下的文武群臣。

大家开怀畅饮，从朝至夕。为了助兴，楚庄王就传令后宫的妃子们出来为在座的群臣敬酒。在所有的妃子当中，其中一位美艳出众，正是楚庄王最宠爱的许妃。

正当许妃为一位武将敬酒的时候，忽然一阵风起，吹灭了大殿上的油灯。于是这位武将趁机握住了许妃的手。在那个男女授受不亲的年代，这个举动无疑是以下犯上的杀头之罪，于是许妃趁机折下了这位武将帽子上的红缨，作为证据向楚庄王告发有人调戏自己。

听了这件事情，大家都义愤填膺，要将这个好色之徒找出来。可是，楚庄王却下令，为了让大家尽兴，所有文臣都解下自己腰间的玉佩，所有武将都摘下自己帽子上的红缨。然后君臣继续开怀畅饮。

后来，楚国与齐国交战，楚军节节败退，楚庄王自己也身陷重围。就在楚庄王觉得自己逃生无望之时，忽见一员猛将杀入齐军重围，奋不顾身，左冲右突，让楚庄王得以绝处逢生。而这位不顾个人安危，愿以死效忠的部将，正是酒宴上调戏许妃，被楚庄王巧妙赦免的那位。

楚庄王的宽容，得到了部下的忠心，在危急关头得以转危为安。历史上有很多这样的故事，正是帝王术中的用恩之法。所谓得饶人处且饶人，因为这样不仅可以避免逼人太甚而招来祸患，而且可以通过宽容大度得到人心。

生活中，我们也要懂得放下愤怒，原谅别人的过错。这样才能为自己的人生积攒福气，用包容争取到更大的幸福。

5. 莫让仇恨毁了你的人生

现实中，有不少人总是在抱怨别人这样不对，那样不对，仿佛唯有自己才是对的，为什么不找找自己的原因呢？事实上，正是这样的心态造成了许多不良后果，使顺境变逆境、好事变坏事。

要实现良好的目标，首先需要采取良好的方法。没有人喜欢被强迫，所以处理任何事情，都应该本着与人为善的态度；而不是为达目的，不择手段。只有播种善因，方能结出善果。种因不善，何来善果可结呢？

太阳与风争辩着谁的力量更大，争来争去没有结果。这时，一位老先生迎面走来，风就与太阳打赌，谁能让这位老先生脱下自己的外套，谁就是最强的。

风得意地说："我先来，我马上就能把他的外套脱下来。"说罢，它开始往那位老先生身上猛吹，以为可以靠自己的力量把他的外套吹掉。

可是，风吹得越猛烈，那位老先生反而将外套裹得越紧。最后风放弃了，并扬言说谁也没法让那位老先生脱下自己的外套。

太阳见风放弃了努力，就从云端探出头来，暖暖地照在那位老先生身上。很快，那位老先生就已经满头大汗，于是他就脱下了自己的外套赶路。

太阳这时微笑着对风说道："看到没有，不论何时何地，仁慈、友善终究是要比愤怒和暴力强大得多。"

在生活中，我们往往不假思索地选择了风的做法，还总是困惑不解：为什么我们越是批评孩子，孩子越是远离我们的期望？为什么我们越是要求家人，家人越是不能满足我们的心愿？为什么我们越是与同事

划清界限，同事越是挑战我们的底线？

其实，只有当我们把自己的内心换成太阳的态度时，我们才能让身边的环境改变。只有仁慈和友善的态度，才能给我们带来朋友和幸福。

在古希腊的神话中，有一位英雄叫海格力斯，他力大无穷，无人能敌。

有一天，海格力斯在山路上行走，忽然发现路中间有个袋子似的东西，因为觉得很碍脚，便上去踢了一下。谁知那东西不但没有被踢开，反而留在原地，并且慢慢膨胀起来。

海格力斯心想自己一向力大无穷，今天竟然踢不开这个袋子，于是有点生气，便狠狠踩了那个袋子一脚，想把它踩破。结果更是让海格力斯大吃一惊，因为那个袋子不但没被踩破，反而又膨胀了许多。

恼羞成怒的海格力斯，随手拿起一条粗大木棒，使出浑身力气，朝那个袋子一阵狠砸。结果那个袋子竟然加倍地膨胀，最后把山路都堵死了。

这时，刚好有一位老者路过，看到这个情景，连忙对海格力斯说："朋友，这个东西叫仇恨袋，你还是快别动它，绕开它赶路去吧！"

海格力斯对老者的话不解，于是问老者是何缘故。

于是，老者说道："这个仇恨袋的特点就是，你不犯它，它便小如当初。如果你的心里老记着它、侵犯它，它就会膨胀起来，挡住你前进的路，专门与你作对！"

故事中的"仇恨袋"，正是我们生活中很多人的脾气。当我们记恨别人、态度恶劣的时候，对方心里的仇恨也就开始不断膨胀。

细想起来，生活中的朋友反目、夫妻成仇、合作者离心，往往都是由一些微不足道的小事引起的。之所以发展到不可收拾的地步，就在于双方都不能找回自己正确的态度，让仇恨和愤怒不断放大。最后，有许多人在愤怒的状态下干出后悔莫及的事情，葬送了自己的前程和幸福，这又是何苦来哉?

6. 感谢批评你的人

这个世界上,最刺耳的声音不是无缘无故的谩骂,而是入木三分的批评。因为这些批评往往针对我们身上最致命的缺点,也是我们心里最敏感的神经。突然被别人毫不客气地直接指出,心里自然一触即发,暴跳如雷。

生活中,却有很多人对于尖苛的批评不但能够泰然处之,而且更像是在享受一首优美的乐曲。这些人能够放下自己的面子,虚心接受别人的批评。唯有如此,才能改正自己的错误,在人生路上不断进步。

清末民初,正是我国京剧繁荣时期,那一年他刚刚八岁,家里人送他去学戏,拜一位姓朱的京剧前辈为师,主攻旦角。

学唱旦角对演员的眼神、相貌、身段、唱腔都要很高的要求。朱先生看他目光呆滞,简直就是一对"死鱼"眼。教他几个示范动作,又学得呆板迟钝,毫无灵气。接着又试着教他唱词,结果朱先生教了十几遍,他依然是荒腔走调,极不入耳。

最后,朱先生实在失去了耐心,就对他说:"祖师爷没有赏给你饭碗,你还是回家去吧!"

回家以后,他并没有放弃京剧,也没有放弃自己。而是改拜一位姓乔的先生为师,继续学习京剧。乔先生跟他说,他先天条件并不是很好,唯有勤能补拙。于是他开始发奋苦练:每天对着坛子喊嗓子,望着飞鸽练眼神,看着古画学身段,面向墙壁念道白,经过三年的勤学苦练,终于学得了京剧的精髓。

11 岁那年，他首次登台，一鸣惊人。20 岁那年，他独自挑班，誉满京都。

一天，曾教过他几天的那位姓朱的老师，也来看他的戏，看毕大吃一惊。于是，老先生亲自来到后台向他道歉，说自己当年"有眼不识金镶玉"，冒犯之处，还请他谅解。

出乎意料的是，他一下跪倒在地上说："师父，您可千万别这么说，要不是当初您骂我一顿，我还没有今天呢！"

第二天，他又亲自拿着礼品登门看望曾经的老师，后来一直不断向朱先生问业求教，并在生活上给予朱先生无微不至的照顾，直到这位老先生去世。

这位旦角名伶就是梅兰芳，他说，"一日为师，毕生为尊"，哪怕是对只教过自己一天的老师，也是如此。

梅兰芳之所以能够成为一代京剧大家，除了自己的勤学苦练之外，一定也离不开名师的指点。那时的京剧行当是讲究"留一手"的，梅兰芳之所以能够得到师父的倾囊相授，完全是因为他懂得感恩批评自己的人。不论是成名之前，还是成名之后，批评对于一个人的进步都尤为可贵。

曹禺先生可以说是我国现代戏剧创作的泰斗，在他年逾古稀的时候，美国戏剧家阿瑟·米勒曾到他家做客，两个人相谈甚欢。

在吃午饭前，曹禺先生从书架上拿下来一本装帧讲究的册子，打开一看，里面是画家黄永玉写给他的一封信，装裱得极其工整。

曹禺先生捧起这封信，逐字逐句地把它念给阿瑟·米勒和在场的朋友们听，信中这样写道："我不喜欢你解放后的戏，一个也不喜欢。你的心不在戏剧里，你失去了伟大的灵通宝玉，你为势位所误！命题不巩固、不缜密，演绎分析也不够透彻，过去数不尽的精妙休止符、节拍、冷热快慢的安排，那一箩一筐的隽语都消失了……"

　　大家越听越觉得茫然，因为这封信对曹禺先生的批评，用字不多却措辞激烈，还夹杂着明显羞辱的意味。然而曹禺先生念信的时候，满脸的感激之情，仿佛这封信是对他的褒奖和鼓励。

　　阿瑟·米勒问曹禺先生，为什么要保留这样一封信，还当众把它念出来？曹禺先生微笑着说，这封信是一笔鞭策自己的珍贵馈赠，他终生感谢写这封信的黄永玉先生。

　　相信曹禺先生一生收到的信应该数以万计，而其中自然不乏溢美之词。但是，他只将这封批评他最严厉的信装裱了起来，终生收藏。因为他明白鲁迅所说的话："搔痒不着赞何益，入木三分骂亦精。"

　　生活中，那些真正能够好好批评我们一顿的人，正是我们的知己，因为他们能够清楚地看到我们身上的缺点。而他们的评判，则是我们的财富，因为只有我们知道了自己哪里存在着不足，我们才能够改过和进步。

　　所以，对于别人的批评，心胸狭隘的人觉得是鸡蛋里挑骨头，报以愤怒或不屑。而心胸宽广的人知道这正是前行的垫脚石，马上接受和感恩。对于批评采取愤怒或不屑的人，当然很难在人生路上取得突破，甚至一条道走到黑；而懂得接受和感恩批评的人，方能在人生路上越走越远，得到更多的收获。

7. 心宽的人道路宽

有很多时候，我们的愤怒，是认为别人总是无法满足我们的心意。我们总是不断地奢求周围的环境，希望身边的人们能够给予我们什么。有时候怪别人不知道我们的口味，有时候怪别人忽略了我们的需求，有时候怪别人不记得我们的生日，有时候怪别人不注意我们的感受。却从来不懂得放宽心胸，包容别人的瑕疵，珍惜自己已经拥有的一切。

生活中，我们应该时刻感到满足，因为至少我们还拥有生命、拥有思想、拥有健康、拥有家人。既然我们已经拥有了这么多，又何必在乎我们的人生是否足够富贵，大脑是否足够聪明，容貌是否足够美丽，家世是否足够显赫？其实，懂得知足的人，才能活得轻松；心胸宽广的人，才能享受生活。

沙漠与海洋拥有着截然不同的生活，有一天，它们进行了一次推心置腹的交谈。

沙漠首先说道："我的生活环境太干了，连一条小溪都没有。而你却有无穷无尽的水，不如我们来个交换吧。"

海洋觉得沙漠的提议很有道理，便欣然同意，并说道："我很愿意分一些水给你，同时也欢迎你来弥补我的不足，但是我已经有沙滩了，所以并不需要你的沙砾，希望你只给我土就好了。"

沙漠见海洋这样说，也提出要求说："谢谢你愿意来滋润我的生活环境，但是你的海水太咸了，所以我希望你只给我水就好了，不要给我盐。"

结果从那以后，沙漠和海洋再也没有交谈过，他们依旧生活在自己原来的环境里。

海洋和沙漠的谈话之所以不欢而散，完全是因为双方一味替自己着想，从不考虑别人的处境。其实，不论是咸是淡，都可以让沙漠得到滋润；不论是沙是土，都可以让海岸得到拓展。

生活中，我们也不能凡事都从自己的感受出发，顺我者喜，逆我者怒。而是应该学会包容身边的人，理解他们的难处。这样，最终受益的一定是我们自己。

官渡之战，是我国历史上有名的以少胜多的战例。曹操以万余人的兵力战胜了拥众十万的袁绍。

在决战之前，袁绍一直觉得兵精粮足，根本不把缺粮少众的曹操放在眼里。当时的很多人也认为曹操此战必败无疑，包括随从曹操出征的部将和留守后方的大臣，都纷纷暗中给袁绍写信，表明自己的立场，准备一旦曹操失败便归顺袁绍。

但是，后来曹操采纳了谋士许攸的计谋，通过袭击袁绍的粮仓，一举扭转了战局，最终打败了袁绍。

胜利之后的曹操占领了袁绍的大营，部下们在清理缴获时，发现了许多曹操手下写给袁绍的信件，于是就将这些信件交给了曹操。有人建议曹操将这些信件一一比对，把想要投降袁绍的人全部找出来治罪。

于是曹操下令，将所有的部下集中在大营之外，并拿出了从袁绍那里缴获的信件。这时，那些曾写信给袁绍的部下，一个个人心惶惶。不料曹操对于那些信连看也不看，下令全部烧掉，并对部下们说："战事初起之时，袁绍兵精粮足，连我都担心能不能自保，何况其他的人！"

这样一来，曹操所有的部下都放了心，并且对曹操誓死效忠，曹操也就很快稳定了天下的大局。

曹操烧了一堆信件，换来了部下的忠心，从而稳定了天下大局。其中最难的不是对下属既往不咎，而是能够真正理解他们的处境，包容他

们的所作所为。

生活中，我们对于身边的人和事，如果能够时时设身处地，从别人的处境出发进行思考，那么，我们不仅能够拓展自己的包容之心，而且能够拓展自己的发展之境。

 ## 8. 忍耐的最高境界是"放下"

对于一个想要成就大事的人来说，最重要的品质不是聪明机智，也不是志存高远，而是学会忍耐。古语有言：宰相肚里能撑船，将军额头能跑马。作为一个大人物，要有宽阔的胸怀去包容小人物的过错。

生活中，我们更是时时需要懂得忍耐。在为理想而奋斗的过程中，要忍耐身边的舆论和眼下的困境；在我们的生活和工作中，要忍耐同事的缺点和亲人的不足；在自我修养和磨炼中，要忍耐人类的过失和世界的不公。如此，我们才可能拥有一片属于自己的广阔天地。

汉初的张良，祖先五代在韩国做宰相。后来，秦国统一了天下，张良曾在博浪沙狙击秦始皇，可惜没有成功。秦始皇四处缉拿刺客，张良只好逃亡到了下邳境内。

一天，张良在下邳桥上遇到一个老人，这个老人衣衫褴褛，鞋子挂在脚上。张良本来没有放在心上，谁知老人却故意把自己的鞋子扔到桥下，对张良说："小子，下去把鞋给我捡上来。"

张良先是很惊讶，然后是愤怒，想上去暴打那个老人一顿，转念又一想，毕竟他是个老人家，于是就强忍怒气到桥下去捡回了老人的鞋子。不料老人竟然又命令道："给我把鞋穿上。"张良心想，既然已捡了鞋，不如就好事做到底吧。于是，他跪下来，帮老人穿上了鞋。

此时的老人露出了满意的神情，笑着对张良说道："你这个小子，倒是值得一教。"并告诉张良，五天以后，在这座桥上相见。

张良此时觉得，这个老人一定不是等闲之辈，于是，就在五天后来到了那座桥上，结果发现老人已经先到了。老人对张良大怒道："和老人相约见面，怎么能后到呢？"说罢，拂袖而去，并告诉张良，再过五天之后再来。

五天之后，张良特意早起，公鸡才一报晓，他就赶到了桥下，结果老人又先到了，并怒道："你怎么又来晚了？"说罢，又拂袖而去，并要求张良再过五天再来。

这次张良吸取了教训，不到半夜就来了。一会儿，老人也到了，看到张良，很高兴地说："就应该像这样才对。"说罢，拿出一本书，交给张良，对他说："好好读这本书，将来就能做皇帝的老师。十年之后，你就会发达；十三年之后，你就会见到我。我就是谷城山下的黄石。"说罢，老人就离去了，他交给张良的那本书，就是《太公兵法》。

从此，张良日夜苦读，后来投靠了刘邦，一生数次帮助刘邦化解危难，俯仰天下，击败项羽，统一天下。

我们可以说，没有张良在桥上的忍耐，就没有他日后的成就。而黄石公之所以一再考验张良的耐心，也完全是为了看看他有没有成大事的潜质。看来，如果想成大事，首先就要学会忍耐。

关于最后被击败的项羽，因为失利于垓下，却不肯过江东一事，杜牧有诗慨叹道：

> 胜败兵家事不期，
>
> 包羞忍辱是男儿。
>
> 江东弟子多才俊，
>
> 卷土重来未可知。

具有拔山扛鼎之力的项羽，宁肯乌江自刎，也不愿包羞忍辱。那

么，张良与项羽二人，哪个更像是男儿呢？实在是值得我们掩卷深思。希望每个人都有一个经得住推敲的圆满答案，给自己的人生之路予以参考和提醒。

9. 点一盏心灯，照亮别人也照亮自己

我们每个人都生活在两个世界之中，一个是客观的物质世界，一个是主观的心理世界。但是，这两个世界并不完全独立，它们之间可以互相影响。比如我们对天空的感觉，当明媚的阳光洒在身上，我们看到的天空一片蔚蓝，整个人的内心也跟着爽朗起来。同时，只有我们的内心平淡祥和时，我们才能感受到阳光的明媚和天空的蔚蓝。所以，尽管每个人头顶上都是同一片天空，但是眼里看到的却可能是天空不同的颜色，而这一切，都只是心理世界的不同罢了。

客观的物质世界，是我们无法改变的；主观的心理世界，却可以通过自己的努力来控制。只要控制了自己的情绪，就可以看到蔚蓝的天空。只要换一种方式与人相处，就可以创造善良的世界。

从前，有一个爱发脾气的男孩，每天都生活在愤怒之中。不但经常伤害身边的朋友和家人，而且自己内心里也很痛苦。

男孩的父亲在他过生日时，送了他一份特别的礼物，是一大包钉子。父亲对男孩说："这包钉子是给你发泄自己的愤怒用的。我在院子里专门为你钉了一个木桩，以后，每当你跟别人发脾气的时候，就在这个木桩上钉一颗钉子。"

男孩很高兴地收下了父亲的礼物，第一天，就在木桩上钉了二十颗钉子。

108

慢慢地，男孩开始试着控制自己的愤怒，因为木桩上日益增多的钉子让他心里很难受。过了一个月，男孩几乎每天只在木桩上钉一两颗钉子。又过了一个月，男孩再也不用往木桩上钉钉子了，他已经学会了控制自己的愤怒。而且，他发现控制自己的坏脾气比往木桩上钉钉子容易得多。

男孩把自己的转变告诉了父亲，感谢父亲送他的珍贵礼物。

父亲欣慰地笑了，并对男孩说："那么，接下来你就可以不用再往木桩上钉钉子了。以后，只要你每帮助一个人，就从木桩上拔下一颗钉子。"

男孩听了父亲的话，开始变得乐于助人。慢慢地，他变成了一个性格和善、内心开朗的人。半年之后，男孩拔掉了木桩上所有的钉子。

男孩再次把自己的转变告诉父亲，父亲十分开心，拉着他的手来到院子的木桩旁，对男孩说："儿子，你做得很好。但是，你看到木桩上的小洞了吗？那些都是之前的钉子留下的痕迹，这个木桩再也不会回到原来的样子了。"

男孩看看千疮百孔的木桩，又看看父亲，低下了头。

父亲继续说道："当你控制不了自己的愤怒，向别人发脾气时，就像把钉子钉在别人心上一样。就算你日后做好事拔出了从前的钉子，还是会在人们的心中留下疤痕，你的心灵和别人的心灵再也无法回到原来的样子了。"

在改掉自己的坏脾气之前，男孩的客观世界里充满敌人，而主观的心理世界也痛苦不堪。但是，当他放下愤怒，努力去帮助别人时，他的心理世界开始变得阳光和乐观，而身边的敌人也变成了他的朋友，开始喜欢与他交往。

所以，面对人生中的各种矛盾与困惑，我们只要控制好自己的情绪，就可以完美解决，让自己的世界里阳光灿烂；如果控制不了自己的

愤怒，乱发脾气，那么不仅给别人带来永远的伤害，更让自己的内心陷入痛苦和折磨之中。

由此可见，放下愤怒去宽容和帮助别人，其实就是宽容和帮助自己。

有一个旅行者喜欢用自己的双脚丈量这个世界。一天，他走到了一个荒僻的村落中，天色已晚。在漆黑的街道上，仍然有一些村民在走动，由于街道狭窄，经常有人撞在一起。

旅行者转过一条小巷，看见远处有一盏闪烁的灯光，虽然不是十分明亮，但是在黑暗的街道中显得格外刺眼。

那灯光渐渐近了，是一个闭着眼睛走路的老人，他左手拿着一根竹竿，右手提着一盏灯笼。旅行者百思不得其解，便开口问道："老人家，您的眼睛看不见吗？"

老人停下脚步，幽幽地说道："是的，一来到这个世界，我的眼睛就看不见东西了。"

旅行者接着问："既然您双目失明，那么，为什么要提着一盏灯笼走路呢？"

老人笑了笑，问道："现在应该是黑夜吧？"

旅行者点头回答："是的。"

老人接着说道："我听说双眼正常的人在黑夜里也是看不见东西的，也就是说，没有灯光的映照，现在全世界的人都和我一样是盲人，所以我要提着一盏灯笼上街。"

旅行者惊讶地说："原来您点灯笼是为了照亮别人。"

老人又笑了笑，说道："我可没有你说得那么伟大，我点灯笼完全是为了自己！"

旅行者又陷入了疑惑，问道："可是您点了灯笼也看不见路呀。"

老人反问道："那么，你是否在黑夜的街道上撞到过人？"

旅行者说："是的，就在刚才，还被两个人撞到了，险些没有摔倒。"

老人听了，对旅行者说："我晚上在街道上走，从来没有被人撞到过，完全是因为我提着这盏灯笼的缘故。虽然这盏灯笼发出的亮光没办法让我看见脚下的路，却可以让别人看见黑暗中的我。这样，他们就不会撞到我了。"

旅行者听了老人的话，回想起自己旅行路上的经历，心有所悟，自言自语道："原来人性就像一盏灯，只要这盏灯亮着，不但可以照耀别人，更可以照亮自己啊。"

故事中的盲人告诉我们：在黑暗里为别人点燃一盏灯，也可以照亮我们自己。不论是大人物还是小角色，都需要在生活中点亮自己的心灯，包容和谅解别人，也会给自己的内心带来平和和幸福。

纳尔逊·罗利赫拉赫拉·曼德拉，南非第一任黑人总统，曾获得诺贝尔和平奖。

年轻时，曼德拉因为反对种族隔离政策，而奔走斗争，后来被捕入狱。统治者十分憎恨曼德拉的观点，所以把他关押在荒凉的罗本岛上，他在一个简陋的牢房里铁窗面壁27年。

罗本岛是大西洋上的一个荒岛。岛上布满岩石，野兽众多，生存环境十分艰苦。而关押曼德拉的牢房是一个"锌皮房"，居住条件特别简陋。

曼德拉每天早晨要和自己的狱友们一起排队到采石场，然后被打开沉重的脚镣，开始了一天繁复的工作。他们有时要用尖镐和铁锹挖掘石灰石，有时要到冰冷的海水里去捞取海带。每一天所尝到的生活都是痛苦与疲惫的混合物。

因为曼德拉是要犯，所以有三个人专门负责看守他。这三个无聊的狱警不时地拿曼德拉解闷，把曼德拉折磨得死去活来。

1991 年，曼德拉出狱了，并且从阶下囚一跃成为南非第一任黑人总统。当选总统以后，他在就职典礼上做的一件事情震惊了全世界。

总统就职仪式热烈而庄重，前来参加的是来自世界各国的政界要人。曼德拉为仪式致辞，他首先欢迎了现场的各位来宾，然后介绍了来自世界各国的政要。接着，曼德拉十分高兴地说，今天最令他高兴的是三位特别的贵客的到来，当曼德拉一一介绍当初看守他的三名狱警时，整个会场响起了热烈的掌声。在众人的掌声中，曼德拉缓缓起身，恭敬地向三名看守致敬。此时，在场的所有来宾，以至于整个世界，都安静了下来。

曼德拉用自己的努力解放了南非，更用自己的包容征服了世界。当他向看守自己的三位狱警致敬时，不仅融化了不同种族之间的仇恨，而且赢得了整个世界的尊敬，同时安慰了三位狱警，并且升华了自己的心灵。

所以，当我们为了生活中的一点小事而愤怒时，不妨想想木桩上那些密密麻麻的小洞，那是愤怒造成的后果；或者想想黑夜中盲人手上的那盏灯笼，那是包容成就的智慧；也可以想想南非首任黑人总统曼德拉在就职仪式上的行为，那是化解仇恨、获得幸福的唯一途径。

第六章

抱怨不如改变

　　抱怨来自比较，因为只看到别人比自己好的一面而愤愤不平；抱怨来自不满，因为只看到生活的阴暗面而闷闷不乐。其实，人生真正的幸福不是来自拥有的多少，而是来自懂得珍惜；生活真正的快乐不是来自环境的好坏，而是来自学会乐观。与其抱怨命运的不公，不如着手去改变自己的人生；与其抱怨社会的冷漠，不如着手去改变自己的态度；与其抱怨物质的匮乏，不如着手去改变自己的收入；与其抱怨心灵的干涸，不如着手去改变自己的修养。因为抱怨只会让人生走入绝望的死胡同，改变却可以还生命一片希望的广阔蓝天。

1. 真相存在于不抱怨的世界

经常抱怨的人，常常是因为自己的内心糅进了杂质。杂质污染了内心，也容易混淆外面的真相。总戴着有色眼镜，怎么能看清世界的真相呢？

古人讲：博学之，审问之，慎思之，明辨之，笃行之。之所以慎思，就是怕犯轻率的错误；之所以明辨，就是怕被假象蒙蔽。

从前有一个老天使带着一个年轻的天使来到人间。第一晚，他们借宿在一个富有的家庭。这家人虽然富有，但是并不慷慨，对他们也并不友好。在两位天使的苦苦哀求之下，主人才在冰冷的地下室给他们找了一个角落，让他们在里面过夜。

当两个天使在铺床时，老天使发现地下室的墙上有一个洞，于是就顺手把那面墙修补好了。年轻的天使本来对这户人家的做法非常不满，看到老天使竟然还帮他们修补坏墙，十分不解，就问老天使为什么要这样做。老天使回答说："有些事并不是你所看到的样子。"

第二晚，两个天使借宿在一个非常贫穷的农民家庭。这户人家的夫妇虽然十分贫穷，但是对待客人非常热情，把自己仅有的食物都拿出来款待客人，晚上又让出自己的床铺给两个天使睡。

第二天一早，年轻的天使被外面的哭声吵醒了，当他走出屋子，发现原来是农夫和他的妻子正在哭泣，原来这对夫妇仅有的一头奶牛死了，而这头奶牛是他们生活的全部来源。

年轻的天使对于自己路途中所遇到的事情十分不满，他知道这一切都是年老的天使在操控着，于是就质问老天使："为什么要这样对待世人？第一个家庭富有而吝啬，你没有惩罚他们，还帮助他们修补墙洞。

第二个家庭尽管如此贫穷，夫妇二人还是热情款待我们，而你却没有阻止他们奶牛的死亡。"

"有些事并不是你所看到的样子。"老天使重复着上一次的回答，并进一步解释道，"我们在第一户人家的地下室过夜时，我从墙洞看到，墙里面堆满了金块。因为那家的主人被自己的欲望迷惑，不懂得分享财富，所以我把那个墙洞填上了。而昨天晚上，死神来到了我们现在借宿的家庭，他要带走农夫的妻子，我跟死神说，这是一户善良的人家，应该得到好报的，于是就让奶牛代替了她。"

年轻的天使听后感到十分羞愧，跟着老天使继续在人间学习。

现实中，我们也常常像年轻的天使一样，不能理解上天的安排，经常对生活喋喋不休地抱怨。其实，随随便便就对生活表现不满的人，不正是幼稚无知的写照吗？

面对纷繁复杂的大千世界，我们不要轻易下结论，而是应该好好地去思考、品味、感悟，透过纷乱粗糙的表象弄清精致有序的本质，进而活出不为表象所迷惑的人生。

2. 善待他人，就是善待自己

《弟子规》中讲："凡是人，皆须爱。"仁者爱人，就是没有分别、没有等差的博爱；与人为善，就是一颗温润的心，向外散布慈悲的力量。如果我们自己还做不来，那么不妨向卓越者学习。

阿根廷有一位著名的高尔夫球手，罗伯特·德·温森多。他不仅球技精湛，而且是一个非常善良又豁达的人，因此赢得了别人的尊重。

有一次，温森多赢得一场高尔夫锦标赛的冠军，当然，这也使他收获了一笔不小的奖金。领到奖金的支票后，他微笑着从记者的重围中走

出来，到停车场准备开车回俱乐部。这时，一个年轻的女子挤出人群，向冠军走来。

她首先向温森多表示了祝贺，然后一脸哀愁地说："我可怜的孩子得了重病，正躺在医院里，随时可能会死掉。而那笔昂贵的医药费对于我来说实在是难以承受，我感到自己的人生痛苦极了。"说罢，流下眼泪来。

温森多心中最柔软的那一部分被这些眼泪打动了，他立刻掏出笔，在刚赢得的支票上签了名，然后塞到那个女子手里，同时说："这是我的一点心意，请你务必收下。祝你可怜的孩子早日康复。"说罢便驾车离去了。

一个星期后，当温森多正在俱乐部吃午餐时，一位职业高尔夫球联合会的官员走过来，一脸焦急的样子问温森多："一周前，您是不是在停车场遇到一个年轻女子，自称孩子病得很重？"

温森多很诧异地问："你是怎么知道的？"

"停车场的孩子们告诉我的。"官员说。

温森多点了点头，说："一件小事，不值一提。"转念又想起那个病重的孩子，马上问道："那个孩子的情况还好吧？"

"恐怕对您来说是个坏消息，根本就没有什么病重的孩子！"官员烦躁地说，"更糟糕的是，那个女人甚至还没有结婚！"

温森多眼里闪烁着光芒，问道："你是说根本就没有一个小孩病得快死了？"

"是这样的，根本就没有。"官员十分沮丧地回答。

温森多如释重负，长嘘了一口气，说道："这真是我这个星期以来听到的最好消息。"

温森多的这份胸怀，实在令人赞叹。有更多的人能够如此想问题，人类才能够有福气，也才能有前途。

记得《易经》对吉凶、得失的解释，就与我们平常人的理解大相径庭。《易经》说，自然界本来没有吉凶的分别，只是因为人类有七情六欲，才分别出吉凶来。遵从易道而行时，有所收获就是得，不遵从易道而行时，有没有收获都是失。

在 NBA 名将"魔术师"约翰逊 32 岁的那一年，如日中天的他却在湖人队的记者招待会上宣布退役，原因是他感染了艾滋病病毒，这一天是 1991 年 11 月 7 日。

约翰逊并没有放弃自己的生命，而是一直接受着鸡尾酒疗法的治疗，将病情控制在稳定的范围内。在接下来的生命中，他感谢每一个 11 月 7 日，并且积极地生活，努力与病魔抗争。

作为三个孩子的父亲，约翰逊很爱自己的家庭。在家人的陪伴与支持下，他又全身心投入到工作中，与之前的纵横球场不同，这一次他管理着一个商业王国。

2001 年，魔术师约翰逊发展公司成立，并建造了魔术师约翰逊剧院。在约翰逊的努力之下，一个新的商业中心逐渐成形。

2006 年，魔术师约翰逊发展公司收购了一家著名的连锁餐厅，发展势头良好。

现在约翰逊的产业除了剧院和餐厅外，还包括一家制片公司以及湖人队 5% 的股权。在约翰逊的操持之下，公司资产比他退役时增加了近 20 亿美元。

除了经商外，约翰逊几乎全身心投入到篮球和公益活动当中，他曾担任一家电视台的 NBA 嘉宾主持；经常参加以篮球为主题的公益活动；他还曾与姚明一同出演了一部防治艾滋病的宣传教育片。

虽然每天与病魔相伴，但是约翰逊说："我从来没有把自己当病人，我感觉好极了。我庆幸自己活着，每一天都活着，每一天对我来说都是节日。我活着，也是为了告诉那些患有艾滋病的人，要自强不息，要积极面对每一天。"

约翰逊就是一个善待自己的人，应该成为遭遇不幸的人学习的榜样。其实，苦难与不幸，实在是人生难以避免的内容，谁又能保证自己会一帆风顺呢？既然怎么活都是活着，那么我们就没有理由不看开一些。既然每个人的生命都有尽头，活得如何当然就看过程了。

3. 烦恼源于内心

很多时候，我们被天气影响着心情，阳光明媚让我们心情舒畅，阴雨连绵让我们内心黯淡。这样，我们就是心甘情愿地在做环境的奴隶。其实，我们既可以做环境的奴隶，也可以做环境的主人，区别也不过是一念之差。要想改变自己的处境，先要改变自己的心境。只有打开心灵的窗子，才能让明媚的阳光照进我们的人生。

从前，有兄弟俩在外旅行。一天，他们走进了一座无人居住的大房子。由于长久空置，整个屋子阴暗而且布满灰尘，看起来十分恐怖。

兄弟俩想要在这座房子里居住，于是就开始了辛勤的打扫。很快他们扫干净了地面，擦拭好了家具，摆放整齐了餐具，但是屋子里面依然黑漆漆一片。兄弟俩看看外面灿烂的阳光，又看看屋里的阴森恐怖，于是决定把外面的阳光扫一点到屋里去，这样他们的屋子就可以充满光明了。

于是，他们开始辛勤地在屋外扫个不停。可是，当他们刚把收集来的阳光拿进屋子的时候，阳光马上就不见了。不管他们多么努力，屋里还是一点阳光也没有。

兄弟二人感到很困惑，失望地坐在门前。这时候，走来了一个年轻的女孩子，看到他们很烦恼的样子，就问他们为什么不开心。兄弟俩告诉了她原因之后，女孩子竟然大声笑了起来。

兄弟俩都抱怨说，不帮忙也就算了，何必嘲笑别人。女孩子没有说话，而是径直走进屋子里，当她轻轻推开那扇厚厚的窗子时，阳光一下子洒满了整间屋子，房间里充满了光明与欢笑。

这个寓言故事告诉我们，当我们抱怨生活的阴暗时，很可能是我们忘了给自己的心灵打开一扇窗子。如果我们无法改变自己的心态，那么不论如何努力，恐怕都很难改变自己的遭遇。更多的时候甚至会适得其反，我们越是抱怨自己的不幸，快乐越是不肯与我们接近。

有时候，虽然遭遇来自外面，但是烦恼却起于自己的内心。所以，人生最关键的是解决自己内心的问题。

一个烦躁的年轻人，为了修身养性，来到湖边钓鱼。在不远的地方，坐着一位悠闲的老者，也在湖边钓鱼。

半天时间过去了，年轻人毫无收获，而一旁的老者却已经装满了自己的鱼篓。

年轻人盯着自己一动不动的浮漂，再也沉不住气了，他向一旁的老者问道："我们两个一起钓鱼，在同一个湖里，用相同的鱼饵，应该获得同样的收获才对。可是为什么你已经装满了自己的鱼篓，而我却一条鱼也没有钓到呢？"

老者看看烦躁的年轻人，微笑着说："其实我们两个还是不太一样的。我钓鱼是为了享受这里的环境，完全没有想到鱼儿什么时候上钩，也没有在意自己收获的多少。而你只在乎自己能不能钓上来鱼，一会儿动动鱼竿，一会儿望望水面，鱼儿当然不会上钩。当你看到我钓到了鱼，自己的浮漂却一动不动时，你又开始着急、抱怨，游到跟前的鱼儿也被你吓跑了。"

年轻人听了老者的话，陷入了深思，不但想明白了钓鱼的道理，而且解开了生活中的烦恼。

故事中的年轻人，之所以钓不到鱼，是因为他没有放下自己的烦躁；之所以对生活不满，是因为他没有打开心灵的窗子。当他听了老者的话，打开心灵之窗，让内心阳光普照的时候，他自然消除了内心的阴影，解开了生活的烦恼。

其实，当我们不停抱怨的时候，不如给自己打开一扇心灵的窗。很多时候，抱怨是解决不了问题的，与其没完没了地抱怨，不如一点一滴地从调整自己的内心做起。

 ## 4. 学会改变自己

托尔斯泰曾经说过："世界上只有两种人，一种是观望者，一种是行动者。大多数人都想改变这个世界，但没人想改变自己。"所以，我们与其对着自己的不幸抱怨，不如采取积极的行动。当我们无法改变自己所处的环境时，我们至少还可以改变自己。

在一个家庭里，生活着两兄弟，哥哥爱弹琴，弟弟爱画画。哥哥的梦想是成为一名出色的音乐家，而弟弟则希望自己能够成为一名优秀的画家。然而，命运总是爱愚弄人，一次意外事故使爱弹琴的哥哥两耳失聪，再也听不到任何声音；而爱画画的弟弟则双目失明，完全看不见任何色彩。从此，两兄弟失去了往日的梦想，每天抱怨命运的残忍与不公。有时，他们想着，如果能够跟对方交换身体上的残疾就好了。哥哥想，就算我双目失明，只要耳朵能够听见，我也照样可以弹琴；弟弟想，哪怕我双耳失聪，只有眼睛能看见，我就依然能够作画。

后来，他们的父母知道了他们的想法，就对他们说："孩子，当命运关上了它的门时，一定会为你在别处开一扇窗。你们虽然不能交换彼此身上的缺陷，但是你们可以交换双方心中的梦想。"

兄弟二人顿时心头一亮，从此，耳聋的哥哥开始努力学画画。他发现，自己虽然没有绘画基础，但是由于耳朵听不见外界的喧嚣，反而很快入门，越画越好。目盲的弟弟开始用心练习弹琴。他发现，自己虽然从没弹过琴，但是由于自己只能用耳朵感受这个世界，反而对声音很敏感，很快就弹得很好。原本的缺陷，现在反而成了兄弟两个的长处，他们互相激励，每天练习，终于在音乐和绘画领域取得了非凡的成就，实现了对方儿时的梦想。

当人们问他们为什么能够在遭受如此的不幸之后，还可以取得如此杰出的成绩时，兄弟二人不约而同地说道："当命运关上了它的门时，一定会为你在别处开一扇窗。"

故事中两兄弟的遭遇告诉我们：无论我们现在的处境如何，我们最终都可以获得成功。关键是我们是否愿意改变自己，找到生命为我们打开的那扇窗户。

我们也许会遇到各种各样的挫折与失败，小的如工作的不如意、事业的不顺心，大的如家庭的变故、身体的残疾。这些都需要我们换个角度看待这个世界。当命运关上了它的门时，一定会为你在别处开一扇窗。关键是要找到这扇窗户。

5. 珍惜人生中的苦难

人生中，难免会有各种各样的挑战与苦难不期而至，给美好与安逸当头一棒，给我们以紧张和痛苦。可这些痛苦的经历，也许能够成为财富呢。

因为很多人的人生，都是在经历了苦难的洗礼之后，才变得沉稳厚重；许多人的内心，都是在放下了抱怨与苦恼之后，才变得强大坦然。苦难让我们痛苦并成熟着，生长并丰满着。只有能够品出每一种味道的人，才能够品出人生的丰富多彩。

他曾在监狱服刑一年，狱中的生活苦闷无聊，而且食物难以下咽。他亲眼目睹了自己身边的人由于食物匮乏，而身患各种疾病。

但是，狱中的苦难并没有让他每天生活在抱怨之中，而是萌发了一种新鲜的想法：用绿色植物做成汤料来补充人体的营养。于是，他在狱中开始着手这方面的研究。

当结束了自己的监狱生活之后，他在美国巴巴拉岛建立了一个小小的实验室，继续自己在狱中的研究。经过无数次的失败与无数次的尝试之后，他终于研制出了全球第一项维生素，并使之成为享誉全球的营养

补充食品。

这就是维生素之父卡尔·宏邦的人生故事。他在实验笔录中写道：一个人的经历就是一种财富，任何一种经历，都可能成为一个让你创造非凡成就的关键条件。

卡尔·宏邦如果没有艰苦的狱中生活，没有亲身经历食物匮乏的痛苦，那么也就不会有艰辛的研究和他日后的成就。所以，他最后懂得了珍惜自己那一笔苦难的财富。

在很多时候，人生是残酷的。但是，在勇敢者的面前，希望之门永远只是虚掩着。因为他们懂得放下抱怨，奋勇向前，直到自己成功的那一刻。

从前，有一个满怀理想的年轻人，在生活中却屡屡失意。最后，他不远千里找到了一位智者，向他询问人生的真谛。

见到智者后，年轻人问道："我满怀理想，却处处碰壁。为什么我的人生有这么多苦难，这样活着，人生还有什么意思呢？"

智者静静听着年轻人的抱怨，并吩咐自己的弟子说："去烧一壶温水来，请这位远道而来的先生喝一杯茶。"

一会儿工夫，徒弟拿来温水，智者抓了一把茶叶放进杯里，倒上温水，放到年轻人面前，说道："请喝茶。"

年轻人喝了一口，没有一点茶的味道。他看着杯子里微微散出的热气和静静地浮在水面的茶叶，不由得问了一句："您一直是用这温水来沏茶吗？"

智者笑了笑，反问道："先生，这茶还好吧？"

年轻人只好实话实说："这茶喝起来一点茶叶的味道也没有啊！"

智者笑着说："这可是上等的铁观音啊！怎么会没有一点茶香呢？"

年轻人听罢，对智者说："或许是您的水太温了。"

智者点头称是，并吩咐徒弟说："再去烧一壶沸水来吧，再请这位远道而来的先生喝一杯茶。"

一会儿工夫，徒弟拿来了一壶冒着热气的沸水。智者换了一只杯

122

子，抓了一把茶叶放进杯里，倒上沸水，放到年轻人面前，说道："请再喝这一杯茶。"

只见翠绿的茶叶在杯中上下沉浮旋转，微微的茶香也溢了出来。年轻人喝过之后说道："比先前好多了。"

智者笑而不语，又提起水壶向原来的杯中注满了沸水。此时，杯中的茶叶又一次上下沉浮着，溢出了更加浓郁的茶香。

智者将杯里的茶叶如此泡了五次，年轻人品到了五种不同的茶香，且一次比一次浓郁香醇，此时，满屋都沉浸在沁人心脾的茶香之中。

这时，智者才终于笑着问道："先生，这茶可有什么不同吗？"

年轻人回答说："一杯比一杯好些。"

智者又问道："同一杯茶，为什么会不同呢？"

年轻人恍然大悟，说道："同一杯茶，越是经过沸水的冲泡，越是茶香四溢。"

故事中的智者，通过泡茶的说教，使年轻人懂得了人生磨难的必要。上好的茶叶，虽然本身已经吸收了春雨的清幽、夏阳的炽烈、秋风的醇厚、冬霜的甘冽，但是，要把这些香气散发出来，必须经过沸水的多次冲泡，如此，才会一次香过一次，最终，茶香满室。

生活中，我们每个人都是一撮新采的绿茶，虽然我们已经学会了很多，但是平凡的经历无法让我们有所成就。就像温水中的茶叶，虽然舒适，但人生也就永远平淡无味，既没有茶叶舒展开来的满眼翠绿，也没有弥散开来的清香醇郁。只有那些在生活中饱经苦难而又百折不挠的人，他们才是沸水中的铁观音，展示着自己的本色，释放出天地的灵气。在一次又一次磨砺之后，最终让自己的成就震撼整个世界，就像茶叶经过数次冲泡后的满室的茶香，若有若无，沁人心脾。所以，我们所经历的苦难与不幸，正是我们的财富与幸运，因为，它们正是我们打开成功与辉煌大门的钥匙。

6. 永远不要放弃希望

在人生的绝境中，突出重围的都是没有丢弃希望的人，而半途而废的往往是已经绝望的人。内心的一丝希望，就像黑夜里的一缕阳光，虽然暂时不足以刺破整个人生的黑暗，但是却可以引领着我们的内心走向最终的光明；而绝望的内心，就像背对着阳光，不论外面的世界多么精彩，绝望的人也只能看见人生无尽的黑暗，看不见阳光。

生活中，我们也许会遇到让人沮丧的处境，往往在抱怨过后，对人生绝望。其实，现实并没有我们想象的那么可怕，黑暗之中，我们需要放下抱怨，用希望给自己的人生打开一扇窗。

有一个年轻人，十分虔诚地信仰上帝。每次去教堂礼拜时，他都会向上帝祈祷，许下自己的心愿。直到这个年轻人长出了白头发，他依然坚持着自己年轻时的习惯。

一天，这个人在教堂门口遇到了一位神父，神父问他："这么多年，你一直虔诚地信仰上帝，每次来都会向上帝许下心愿。那么，你的愿望实现了多少呢？"

他回答说："第一年，我许愿，希望我的母亲能够病情好转，但是，六个月后，她永远地离开了我们；第二年，我许愿，希望我能够顺利考入大学，但是，我在考试前突然病倒，与大学无缘；第三年，我许愿，希望自己未来的妻子充满魅力，但是，我娶的妻子很平凡；第四年，我许愿，希望自己能够得到一个儿子，但是，妻子生的却是一个女儿……"

神父听了他的话，奇怪地问道："既然你的愿望从没实现过，你为什么还会如此虔诚，每年都来许愿呢？"

他回答说："我母亲虽然去世了，但是，在她最后的日子里，她从

124

没恐惧过死亡，临终时，她很满足；我虽然没能考入大学，但是，后来给一个工程师做学生，学到谋生的本领；我的妻子虽然不漂亮，但是她聪明善良，是我的得力助手；虽然我没有得到儿子，但是我的女儿乖巧可爱，相信有一天，她会找到一个爱她的人。所以，虽然我的愿望没有一个彻底实现，但是，每许一个愿，都是我的一个梦想，它们让我对未来充满希望。而每一次我的愿望落空之后，我都会更加珍惜自己眼前的一切，这样，才能在不幸福的时候，永不绝望。"

这个年轻人的名字叫马库斯，后来，他凭着对梦想的渴望与追求，成了一家公司的董事长，而这家公司是拥有 775 家分店、15 万名员工、年销售额达 300 亿美元的世界 500 强企业。

成就马库斯信仰与愿望的并不仅仅是上帝，还有他自己内心的希望。假如，他在年轻时失去了自己的梦想，对人生绝望，那么，绝不会有日后的企业家马库斯。

所以，无论我们感觉自己的处境多么糟糕，其实那都只是我们眼前的假象。当我们试着放下自己内心的抱怨时，双眼才不会被假象蒙蔽，人生的星光才会闪耀在我们面前。

塞尔玛女士是一位好妻子，她陪伴自己的丈夫驻扎在一个沙漠的陆军基地里。当丈夫奉命到沙漠里去演习时，她就一个人留在家里。那是一座小铁皮房子，由于沙漠中的炎热干旱，屋内的气温在仙人掌的阴影下也有华氏 125 度。

塞尔玛女士一个人留在家，连个聊天的朋友也没有。因为她的周围只有墨西哥人和印第安人，而他们不会说英语。一段日子过后，她无法忍受眼下的生活了，就写信给父母，说要丢开一切回家去。

很快，她收到了家里的回信，是父亲的字迹。信中只有两行字：

"两个人从牢中的铁窗望出去，一个看到泥土，一个却看到了星星。"

塞尔玛女士一遍一遍读着这封简短的回信，慢慢改变了自己的心态。她开始放下抱怨，决心要在沙漠中找到星星。

她开始和当地人交朋友,并很快融入了当地的社会。她了解了印第安人和墨西哥人的民俗文化,对他们的纺织品和陶器产生了浓厚的兴趣。后来,她又开始走进沙漠,对土拨鼠、仙人掌和各种沙漠动植物产生了兴趣。再后来,她更深入地走进沙漠,观看沙漠的日落,还找到了沙漠中的海螺壳,这些海螺壳是几万年前地质变迁留下来的。

塞尔玛女士的生活完全改变了,原来难以忍受的环境,如今变成了让人流连忘返的奇景。可是,沙漠并没有改变,印第安人和墨西哥人也没有改变,究竟是什么改变了她的生活呢?

当然是父亲的那封回信,或者更根本的,是她自己的心态发生了改变。她从自己内心的牢房里看出去,终于看到了星星并为此写了一本书,叫作《快乐的城堡》。

态度的改变,使塞尔玛女士原本恶劣的生活状况,变成了她一生中最有意义的冒险经历。其实,当我们身处困境时,向人生的窗外望一眼并非难事,关键是选择低头盯着地上的泥土,还是选择抬头仰望满天的星光。

生活中,让我们时刻记得抬起头,放下抱怨,满怀希望。也许我们改变不了现实的环境,但是我们可以换个角度看这个世界,也许美好原来就藏在我们的背后呢。

 ## 7. 公平就在"差别"之中

很多人在失败面前喜欢找客观原因,当自己遇到一点挫折之后,就抱怨说这个社会不公平。其实,公平的真正含义并不是人人平等,而是要对事物适当地差别对待。

试想,如果生活给予一个勤奋的人与一个懒惰的人同样的生活,那么生活是公平的吗?如果命运给予一个善良的人与一个邪恶的人同样的待遇，那么命运是公平的吗？生活只有根据每个人的努力和心态，将他们差别对待，才是命运真正的公平所在。

一个很有才华的年轻人，在生活中却四处碰壁，屡屡受挫。于是他开始抱怨自己怀才不遇，抱怨世界的不公平。

一天，这个年轻人碰到了一位智者，就向智者倾诉了自己的遭遇，并且说道："这个世界根本毫无公平可言，以我的能力，竟然不能得到成功，反而受尽世人的冷落。"

智者只是在一旁默默地听着，对年轻人说："你刚才提到了'公平'两个字，可是，究竟什么才是公平呢？不如你把这两个字写给我看看。"

年轻人只好随手在纸上写下"公平"两个字，拿给智者看。不料智者却大笑道："你一定是写错了，这两个字怎么会是'公平'呢？"

年轻人一头雾水，对智者说："这就是'公平'啊，你怎么连这两个字也不认得呢？"

智者又看了看，对年轻人说："你看，这两个字，前面一个只要写四笔，而后面一个却要写五笔，这'公平'二字本身就是不一样的，人生又怎么能事事一样呢？适当的不一样才是真正的公平啊。"

年轻人听了智者的话，再也不抱怨自己的处境了。

年轻人终于在智者的点拨下明白了，公平的真正含义就是合理的差别。当我们抱怨这个世界不公的时候，也许内心想要的只是绝对的平均，而不是真正的公平。绝对的平均，只会让懒惰的人不劳而获，而真正的公平应该是回报与付出成正比。

所以，当我们因为别人取得了成绩而抱怨的时候，不妨回过头来想想自己是否也像他那样付出了。因为人生是最公平的，只有付出的人，才能得到回报。

两个刚刚走进社会的年轻人关系要好，并且很幸运地在同一家公司工作，拿着少得相同的工资。

可是，工作一年后，其中一个年轻人青云直上，随着职位的高升，

工资也在不断增长。而另一个年轻人却一直在原地踏步，做着简单的工作，拿着少得可怜的工资。

于是，这个没有升职的年轻人觉得老板很不公平。终于有一天，他到老板那儿开始抱怨自己的待遇："老板，我们都是一起进来的新人，刚开始做的工作都一样，每天的工作时间也一样。现在拥有相同的工作经历，为什么却享受不同的待遇？"

老板一边耐心地听着他的抱怨，一边微笑着说道："那么，现在我交给你一个任务证明一下自己。请到集市上去一下，看看今天早上有什么东西在卖？"

年轻人对老板交待的任务莫名其妙，但是只得照办。他从集市上回来，向老板汇报说："今早集市上只有一个农民拉了一车土豆在卖。"

老板随即问道："有多少？"

年轻人被老板的问题问住了，赶紧又跑到集市上，然后回来告诉老板说："一共40袋土豆。"

老板随即又问："价格是多少？"

年轻人第三次跑到集市上问来了价格。

老板没有再问新的问题，而是对他说："现在我让你的朋友去做同样的事情，看看他会怎么说。"

那位得到重用的年轻人很快就从集市上回来了，向老板汇报说："现在市场上只有一个农民在卖土豆，一共400斤，价格是两元钱一斤。土豆质量很不错，我带了一个样品回来。此外，这个农民下午还会运200斤西红柿过来，价格非常公道。因为昨天咱们店里的西红柿卖得很快，库存已经不多了。具体情况您可以亲自问那个农民，我已经把他带来了，现在正在外边等着回话呢。"

此时，老板转向了一直坐在一旁的年轻人说："现在，你对自己的待遇还有什么疑问吗？"

两个同样学历的年轻人，却因为不同的付出而得到不同的待遇。人生对于每个人的态度，总是如此公平。它就像一面镜子一样，用所得的收获衡量着每个人的付出，很难有大的失误。

与其抱怨自己为什么没有别人的好运，不如鞭策自己为了成功付出更多的努力。不仅是努力，而且还要用心。

 ## 8. 奇迹源于平凡

在我们看似平凡的生命中，处处充满了奇迹：沧海可以变为桑田，高山能够化作平川。贫穷的小人物可以通过自己的努力赢得地位和尊敬，看似离谱的梦想也可以通过坚持来获得实现。

所以，我们不需要抱怨自己的人生太过平凡，只需要坚持自己的梦想，拿出足够的毅力，那么终将可以见证生命的奇迹。

当然，生命的奇迹不是海水在一夜之间干枯，也不是高山在瞬间被夷为平地，或者神仙、精灵帮助我们把梦想实现。生命的奇迹就在最平凡的生活之中，只有相信生活的人才能够看见。

从前有一位伟大的魔术师，他立志要在全世界巡回表演自己的魔术，让全世界都看到他所创造的奇迹。

巡回演出的其中一站，是加拿大北部的一个小镇。当时已经是冰天雪地的冬天，当地居住的主要是一群爱斯基摩人。这位伟大的魔术师坚信，魔术的奇迹是没有国家和种族的界限的。可是，在他表演了几个拿手节目之后，台下的爱斯基摩人只是穿着毛皮大衣，静静地坐在那儿。全场观众没有人笑，甚至没有人发出任何声音。直到表演结束，也没有任何人鼓掌。

魔术师十分沮丧，他问一个当地人："你们是不是不喜欢我的节目？"

那个爱斯基摩人回答说："我们每一个人都十分喜欢你。"

魔术师又问："那么，你们喜欢我变的魔术吗？"

　　另一个爱斯基摩人反问道："可是，你干吗要变魔术呢？这个世界本身就充满了奇迹啊。"

　　魔术师说道："但是，我可以凭空变出动物来，或者把一个活人从台上变没，你们难道不觉得这很神奇吗？"

　　爱斯基摩人不解地问道："可是，你干吗要做那种事情呢？春天的时候，北极到处都会出现海豹，冬天的时候，它们又全都不见了，谁也不知它们是从哪里来的，这不就是魔术吗？"

　　魔术师为了征服这里的爱斯基摩观众，又拿出一个道具球，对他们说："我能让这个球在空中飞来飞去，这才是魔术！"

　　不料，爱斯基摩人却说："可是，每天都会有一颗巨大的火球在空中飞起来，又落下。它不但照亮了世界，还给我们带来温暖，这难道不比你变的魔术更神奇吗？"

　　魔术师心里还是想要证明自己是奇迹的创造者，却想不出更好的办法。这时，刚才的爱斯基摩人凑在一起，用当地话小声交谈了好一会儿。然后，其中一个人笑着对魔术师说："尊敬的魔术师，我们经过刚才的讨论，终于知道你为什么要表演魔术了。你是想通过自己的表演，让那些已经忘记了魔术的人重新看到奇迹。你所做的事情，是在提醒人们，这个世界处处都是魔术的奇迹，对吗？"

　　听了爱斯基摩人的话，魔术师已经泪流满面了。他点头对爱斯基摩人说："是的。谢谢你们教给了我什么是真正的魔术，我以前竟然对此一无所知。"

　　不论人类的魔术师如何伟大，在自然的魔术面前都显得如此平凡。但是无论是人类的魔术还是自然的魔术，都需要我们有足够的耐心去等待。因为，只有不抱怨命运的人，才能看到生命的奇迹。

　　所以，永远不要对自己的人生绝望，不论我们的处境陷入了怎样的痛苦深渊，只要坚持向上攀爬，终究会有出头之日。而那时，我们会发现，生命的奇迹就在自己的眼前。

　　他的父亲是一个鞋匠，所以，他从一出生就生活在社会的最底层。

他的童年生活总是与贫困和饥饿为伍，还要每天受到那些富家子弟的奚落和嘲笑。但这一切并没有让他对生活失去信心，他相信，总有一天他能够通过自己的努力改变自己的生存环境和别人对自己的看法，最终成为一个受人尊敬的人。

伙伴们都觉得他是个不切实际的幻想狂，所以没有人愿意跟他玩。他的大部分时间都是一个人度过的，陪伴他的是慈祥的父亲和《一千零一夜》的故事。他很喜欢跟父亲聊天，向他倾诉自己的梦想。当他告诉父亲自己想成为一名演员或作家的时候，父亲总是笑着说，生活一定会让这个奇迹实现的。

11岁时，唯一支持他梦想的父亲去世了，他的处境更加艰难。14岁时，他的母亲要求他去做裁缝店的学徒，好赚钱养家。他哭着向母亲述说着自己的梦想，并哀求母亲允许他去哥本哈根，因为那里有著名的皇家剧院。他说："我梦想可以创造自己生命中的奇迹，成为一个受人尊重的名人。但是，我知道，要想创造奇迹，先要历经千辛万苦。"

于是，母亲被他的梦想打动了，拿出了家里仅有的三个丹麦银元，给了赶邮车的马夫，并乞求他让自己的儿子搭车到哥本哈根去实现梦想。14岁的他穿着一身旧衣服离开了故乡，独自踏上了自己的哥本哈根之旅，希望在那里可以实现自己的梦想。

但是，奇迹并没有出现，他在哥本哈根依然被人们歧视。人们不但嘲笑他的梦想，还嘲笑他的长相。说他的脸像纸一样苍白，眼睛像青豆般细小，根本不可能成为出名的演员，只能演一个小丑。

但是他从没有放弃自己的梦想，几经周折，终于得到了一个扮演侏儒的机会。当他的名字第一次被印在了节目单上时，他望着自己的名字，兴奋得夜不能寐。

之后，他还在皇家剧院扮演过男仆、侍童、牧羊人等角色，但是，这并没有让他走上成名之路，反而让他觉得自己创造奇迹的希望越来越渺茫。

于是，他改变了自己的梦想，开始把精力投入到写作中。两年后，他出版了自己的第一本小说集。由于身份卑微，他的书无人问津。他特意写了一封信给当时的名人贝尔，希望可以把这本书献给自己尊敬的先生。不料却遭到贝尔的拒绝，并讽刺他说："如果你真的尊重我的话，你只要不再把书献给我，就是对我最好的尊重了。"这使他再次成为了人们嘲笑的对象。

面对梦想的不断破灭，他抱怨命运的不公，内心抑郁甚至试图自杀。但父亲的话总是萦绕在耳边，他一遍又一遍对自己重复着：生活一定会实现我的奇迹。

终于，在他来哥本哈根饱尝了人生苦楚的15年后，他凭着小说《即兴诗人》一举成名。当时，他只有29岁。后来，他又出版了一本童话故事集，叫作《讲给孩子们的童话》。里面包括《打火匣》《小克劳斯和大克劳斯》《豌豆上的公主》《小意达的花儿》。他的梦想终于实现了，他成了一位世界级童话作家，从此受到王公大臣的欢迎和世人的尊敬，并且经常受到国王的邀请并被授予了荣誉勋章。

他就是著名的丹麦作家安徒生。他用梦想创造了奇迹，用童话征服了世界。

从安徒生的童话中，我们似乎可以看到他追寻自己人生奇迹的身影。从《打火匣》里的士兵到《丑小鸭》里的美丽天鹅，安徒生没有被人生的苦难打倒，而是用自己的双手编织了自己梦想的奇迹。

安徒生的母亲也许想不到当年那个远行的儿子，竟然创造了童话世界中如此众多的奇迹。而我们的人生，也像是一场追梦的远行，远离家乡和父母，独自走上人生的舞台，面对命运的苦难和嘲笑，我们需要坚持自己的梦想。只有放下抱怨，相信奇迹的人，他生命中一天二十四小时才会变得丰富多彩，他人生中未来的境遇才会产生千变万化的可能。

相信生命奇迹的心灵，是保持人生旅途愉快的倚仗，是让生命之水保持澎湃的波浪，是对抗人生苦难的希望，是见证生命奇迹的源泉。有了这股源泉，我们就可以在绝望中走向希望，在平凡中走向非凡。

第七章

别让自满毁了你

　　自满的月亮会变得日渐亏损，自满的杯子会将水溢出。所以，当我们取得成绩时，应该谦虚，切忌自满。谦虚是海纳百川的广阔心胸，谦虚是更上一层楼的开阔眼界，谦虚是一沙一世界的从小见大，谦虚是一叶一菩提的人生智慧。只有懂得用谦虚代替自满的人，才能得到别人的帮助，**取得更大的进步**；如果一个人用自满代替谦虚，那么他只会被成功撞晕，**被命运抛弃**。当我们感到自满时，想想成熟的谷穗与深沉的湖水吧：谷穗**越**是成熟，越是深深地低下自己的头；湖水越是清澈，越是显得自己很浅显。

 ## 1. 因为放不下，所以拿不起

人活于世，难免遭遇宠辱毁誉。要做到宠辱不惊，就需要学会淡泊名利。生活中，懂得放下宠辱的人，可以安于毁誉。而只知道拿起，不懂得放下的人，碌碌一生，最后一定败在欲望太多上。

不能正确对待名和利，很容易走入人生的死角；懂得放下与舍得，才是人生不败的秘诀。

被后世尊为"曾文正公"的曾国藩，在刚刚组建湘军的时候，因为锋芒太露，处处遭人忌妒、受人暗算，一来二去，连咸丰皇帝也开始怀疑他了。

后来曾国藩的父亲曾麟书病逝，按照当时的规定，他应该回家守孝，于是朝廷就给了他三个月的假，并且令他假满后回江西带兵作战。

曾国藩希望掌握江西地方大权，又不好直说，于是上书给咸丰帝说，自己现在感到很矛盾，想要留在家里守孝，又怕辜负了皇帝和国家；想要为了国家而违反守孝的规定，又觉得对不起父亲的养育之恩。其实就是把难题扔给皇帝。咸丰皇帝十分明了曾国藩的意图，他对曾国藩的权力十分忌惮，再加上当时江西军务已有好转，就算没有曾国藩的管理也可以应付一时，于是就传旨曾国藩说，现在江西的局势已经稳定了，你先在家守孝吧，不需要再操心了。

失去了权力的曾国藩忧心忡忡，最后竟然导致失眠，身体也病了起来。这时候有一个叫欧阳兆熊的朋友，平时跟曾国藩交情不错，并且知道他的病根所在。特意写信安慰曾国藩，一方面推荐医生，治疗他的身体；一方面劝他凡事看开些，治疗他的心病。

于是曾国藩马上开始反省自己，发现自从率领湘军东征以来，有胜有败，常常四处碰壁的根本原因，就是自己放不下世间的言论与看法。他第一次感到自己在修养方面有很多弱点，决心放下这些浮名虚利，好好修养自己的心灵。最后，他终于在风雨飘摇的大清王朝中建立了不世之功，世称"曾文正公"。

名利当前，以曾文正公的胸襟气魄，尚且一时想不开，更何况那些平常之人。当我们处在人生的岔道口时，生活的挫折、磨难在前，别人的指责、误解在后，唯有毫不放松地修行自己，及时放下过往的得失，坦然应对不利的局面，才能走出困境。只有放得下时，才能再度拿得起来。

2. 学历代表过去，学习力决定将来

一个人，只有放下当前的知识，才能学到更多的见识。那些以为自己无所不知的人，刚好是最无知的人。

生活中，骄傲自满是一座可怕的陷阱，而这个陷阱往往是我们亲手所挖。要想获得更多的知识和成就，就必须学会放下过去的知识，虚心向别人学习，时时向内心反省。

一所名牌大学毕业考试的最后一天，毕业生们觉得自己走出校门之后就算镀金完成，都雄心勃勃地展望着未来，几乎忘记了还有最后的一场考试。

大家都在谈论着自己的工作和对未来的计划，带着四年来大学学习所获得的自信，他们似乎已经准备好了要征服整个世界。

最后一场毕业考试在他们心中不过是走走形式罢了，因为教授说过，他们可以带任何的参考资料，只要考试时保持考场秩序，不要交头接耳就行了。当教授把试卷发下去，学生们看到试卷上只有5道论述题

时，脸上现出了得意的笑容。

考试的时间过得很快，教授开始收卷。学生们的脸上开始出现一种恐惧的表情，教室里一片寂静。教授在收完了所有试卷之后，并没有马上走出教室，而是面对着所有参加考试的学生问道："完成 5 道题的请举手。"

没有一只手举起来。教授又问："完成 4 道题的请举手。"

仍然没有人举手。"3 道题或者 2 道题的呢？"教授边问边扫视着学生们。很多同学把头埋得深深的，他们用静默回答着教授的提问。

"那 1 道题呢？总会有人完成 1 道吧！"

整个教室仍然没有人举手，在这种沉默的气氛中，弥漫着一种深深的沮丧和挫折感。这时教授放下试卷，说："很好，这正是我想要的结果。这是我给你们上的最后一课，希望你们能记住，大学四年除了让你们学到很多知识之外，更需要让你们学到自己有多么无知。"然后教授又微笑地补充道："不用担心你们的毕业成绩，我会让你们都通过这个课程。但是记住，即使你们现在毕业，你们的学习仍然只是刚刚开始。"

学生们上完了最后的一堂课，脸上再也没有之前那种不可一世的神情了，而是充满了谦虚与谦和。

大学教授的最后一课，是让学生们时时处处都能认清自己。而认清自己的最好办法，就是学会谦虚。对于我们来说，学业的结束，刚好是学习的开始。一个新工作、一个新领域、一个新环境，随时随地都需要我们抱着归零的心态去努力学习。生活中，只有谦虚的人，才不会被时代抛弃。而盲目自满的人，必然会跌进社会的池塘里。

有一个博士生毕业后被分到一家研究所，研究所从上到下都十分欢迎他的到来，因为他是所里学历最高的一个人。博士生在这种氛围里有些飘飘然起来，觉得自己在所里的确高人一等。

有一天，所里的领导请博士生一起到单位后面的小池塘钓鱼，碍于

136

面子，他只好答应了。到了池塘边，他毫不谦让地坐在了中间的位置，两位领导朝他寒暄，他也只是微微点了点头，心想，自己跟两个本科生实在是没什么好聊的。

不一会儿，坐在左边的领导内急，放下钓竿，从水面上快步如飞地走到对面上厕所。博士生当时眼珠都快掉下来了。心想：水上漂？难道这个研究所里藏着一位武林高手？又过了一会儿，上厕所的领导又像刚才一样，从水面上漂回来了。博士生内心禁不住地好奇，想问个究竟。可是转念一想：自己是博士生啊，哪有博士生向本科生请教的道理。

正犹豫间，坐在他右边的领导也站起来，像刚才那位领导一样，漂过水面去上厕所。这下子博士生彻底傻了，心想：不会吧，难道我到了一个武林高手如云的地方？

博士生百思不得其解，自己也内急了。这个池塘两边有围墙，要到对面厕所得绕十分钟的路，而回单位又太远。憋了半天之后，博士生也起身往水里跨，心想：我就不信本科生能过的水面，我博士生不能过。结果让博士生大失所望，只听"咚"的一声，博士生栽到了水里。

两位领导赶忙将他拉了出来，不解地问他为什么要下水。博士生浑身都湿透了，终于忍不住问："为什么你们可以在水面上走过去呢？"

两位领导这才明白，相视一笑，说道："这池塘里原本有两排木桩子，就是方便钓鱼的人上厕所用的。由于这两天下雨涨水，木桩正好没在了水面下。我们都知道这木桩的位置，所以可以踩着桩子过去。你要过去，怎么不问一声呢？"

博士生无言以对，脸上红一块，紫一块。

生活中，不论是博士生还是本科生，都只不过是一个学历。而学历只代表过去，在日新月异的知识面前，学习力才能掌握将来。学习力是一种勤奋，更是一种态度。因为，只有对自己不满足的人才会勤奋，而懂得谦卑的人才真正懂得学习。

3. 别让人生败在细节上

自满的人，往往轻视身边的细节，因为他们不懂得细节决定成败的道理。能够放下自满的人，明白差之毫厘，谬以千里的教训，所以他们对于一切都坚持一种严谨的态度。

生活中，我们往往自命不凡，工作中不重视文件的规范，学习中忽略细小的知识点。如果有人给我们善意地指出，我们反而将"成大事者不拘小节"挂在嘴边，用以敷衍塞责。直到有一天，发现被自己忽略的小节往往决定了大事的成败，才从自满的睡梦中惊醒过来。

许多人认为小事无足轻重，不足以影响大事，更不足以成就大事。事实上，任何一件事情要想做得完美，都是以一些小事作为基础，并起着关键作用。

曾有一艘满载货物的商船，在准备扬帆起航时，却发现船上有一只小老鼠。发现老鼠的正是管理货仓的水手。水手立即把这一情况报告给了船长，并建议船长，先不要开船等抓住那只老鼠后再重新起锚。

船长当然不会把一个水手的建议放在心上，大笑着说："年轻人，你这么大的个子，怎么会害怕一只小小的老鼠呢？"

水手回答说："船长先生，我不是怕老鼠，而是担心这只老鼠咬坏了我们的船，所以还是建议您命令全船抓住这只老鼠。"

船长听了水手的话，恼怒地说道："一只小小的老鼠怎么可能咬穿我的船底？"同时看了水手一眼，接着说道，"年轻人，我有 40 年的航海经验，我在海上待的时间，比你的人生还要长呢！"

"可是，我还是觉得应该先抓住老鼠，然后再开船。这样我们的船才能够安全。"水手再一次请求道。

"不要再说了！我是绝不会为了一只老鼠耽误我们起航的时间的。"船长坚决地说道，"再说，要想抓住那只老鼠，我们必须要先卸掉所有的货物，船上的人还不笑话我小题大做！"说罢，船长下令起锚，水手们也只好扬帆起航了。

两个多月过去了，这艘商船还在海上航行着。有一天，海上起了巨大的风浪，那位管理仓库的船员知道大事不好，赶紧把一个救生圈绑在了自己的身上，而且建议其他船员也这样做。

船长看见了，一面嘲笑他贪生怕死，一面呵斥他动摇军心。正在这时，船长突然发现自己的船舱里已积满了水，船身同时开始下沉。原来，起航时的那只小老鼠，早已把船底咬穿，海水灌进船舱里来了。

最后自负的船长和他的货船自然以悲剧结尾，而那位管理货仓的水手，成了这次事故中唯一的幸存者。

故事中的船长因为只想到船只的坚固和巨大，所以忽视了货仓里的老鼠，最后正是这只老鼠让他船毁人亡。由此可见，因为自负而忽视细节的人，往往尝尽人生失败的苦果。

生活中，虽然并不是所有的小事都能决定成败，但只有重视每一件小事，才能为做好大事打下坚实的基础。

东汉时有一少年名叫陈蕃，他饱读诗书，自命不凡，一心只想干大事业。

一天，他的一位朋友薛勤来访，见他居住的屋子里脏乱不堪，便对他说："孺子何不洒扫以待宾客？"

他答道："大丈夫处世，当扫天下，安事一屋？"

薛勤反问道："一屋不扫，何以扫天下？"这下只剩下无言以对的陈蕃在那里惭愧。

不论是为了避免失败，还是为了获得成功，我们都必须放下自满心态，不放过身边的任何细节。因为天下大事必做于细，天下难事必做于易。老子云："合抱之木，生于毫末；九层之台，起于累土；千里之

行，始于足下。"

生活中，我们既要学会谨慎地对待细节，不能让自己败在轻视自满上；又要学会认真地对待小事，为自己的成功积攒能量。成功一定会眷顾于那些放下自满、重视细节的人。

4. 放下身段，才能学到真本领

我们的成就，除了取决于我们付出的努力之外，很多时候还取决于我们的态度。越是谦虚的人越是能够取得非凡的成就，就像越低的湖泊越是能够汇聚河流。

生活中，我们往往为了张扬个性、展示自我，而忘记了谦虚的重要。当我们盛气凌人，完全不把别人放在眼里时，我们自己又如何去取长补短，获得进步呢？唯有放下身段的人，才能学到本领；那些不懂谦虚的人，就像秋天里直挺挺的谷穗，干瘪而不成熟。

一个年轻人，不远万里来到智者的家里，满怀失望地对智者说："我从小就立志要成为一名杰出的画家，可是找一个让人满意的老师实在太难了，现在的社会上都是些徒有虚名的画家。"

智者听年轻人这么说，就笑着问："你在外学画这么多年，真的没遇到过一个能教你的画家吗？"

年轻人叹了口气说："我在外四处拜师，也有十几年了。见过的画家数不胜数，可是他们的作品都不够完美，有的画技甚至还不如我呢！"

智者听了，点头说："既然你的水平不逊色于那些名家，能否麻烦你为我画一张画呢？"

年轻人满口答应。于是智者取来了笔墨纸砚，对年轻人说："我平时也没什么爱好，就是喜欢喝茶，能不能麻烦你给我画一个茶杯和一个茶壶？"

年轻人听罢，随手就画，一会儿工夫，画纸上就出现了一个茶壶和一个茶杯，一脉清茶正缓缓流出壶嘴，袅袅香气注入茶中。

年轻人把画好的画递到智者面前，问道："这幅画您满意吗？"

智者看后，摇了摇头说："你的画技确实不错，可惜把茶壶和茶杯放错位置了。应该是茶杯在上，茶壶在下才对。"

年轻人不懂智者的用意，就问道："您这是什么意思呢？如果茶杯在上，茶壶在下，怎么将茶水倒进杯里呢？"

智者听了，笑着说："原来你懂得这个道理啊！那么你总是把自己摆得那么高，别人的茶又怎么注入到你的杯子里呢？"

年轻人恍然大悟，从此虚心求学，终于成为杰出的画家。

向人求教，就要拿出向人求教的态度和诚意。时时刻刻降低自己的杯子，才能源源不断在生活中吸收养料。孔子说"三人行，必有我师焉"，生活中，只有时刻准备学习的人，才能不断接近完美；只有处处懂得谦虚的人，才是真正懂得学习的人。

曾经有一个学生问苏格拉底："先生，有一个问题困扰我很久了，我一直找不到答案。不知道您的智慧是否能够解开我心中的疑惑。"

苏格拉底说："是什么样的问题呢？"

学生说："您能否告诉我，天与地之间的高度到底是多少？"

听了学生的问题，苏格拉底微笑着回答道："这个问题简单得很。天与地之间的高度，不多不少，正好三尺！"

学生听了苏格拉底的回答，大笑道："先生您糊涂了，我们每个人的身高尚且有四五尺高，天与地之间的高度又怎么会只有三尺。如果真是这样的话，那天空还不早就被我们给戳出许多窟窿了？"

苏格拉底却笑着说："天与地之间的高度确实是三尺。所以，天地之间的每一个人，都要时时懂得低头的道理呀！"

故事中，苏格拉底用智慧的回答，巧妙地教育了那个不知天高地厚的学生。生活中，我们也应该以苏格拉底的话自省，时刻记得低头做人的道理。

其实，谦虚不是一种虚伪和做作，而是发自内心的一种尊敬和随和。就像自然界的植物，越是果实饱满的枝条，越是努力俯下自己的身子；越是腹内空空的果子，越是拼命在枝头摇晃。当我们内心放下自己的成就时，就不会时时提起自己的不平凡；当我们平时放下了自己的身段时，就能够处处学到别人的优点。只有一个放下自满，懂得谦虚的人，才能用自己平静的内心去迎接人生辉煌的成就。

 ## 5. 不要失去人生的方向

在人生的道路上，每个人都追求着成功。但是，成功之后，往往只得到了空虚。当樱花在枝头灿烂过后，便化作了满地的落英；当明月在天空圆满过后，就开始出现了残缺。当人生的目标实现之后，便出现了无穷的烦恼。这一切，都是自然的规律。

生活中，很多人往往在功成名就之后，失去了人生的方向，变得空虚和迷茫。因为，当一个人得到了自己苦苦追求的一切之后，便不知道自己接下来该如何生活，直到发现了新的目标。

几个丰衣足食的年轻人，总是对自己的生活不满足，于是他们开始四处寻找快乐。但是，在寻找快乐的途中却遇到了许多烦恼，反而变得更加忧愁和痛苦。

直到有一天，他们碰到了一位衣衫褴褛的智者。他们很恭敬地向智者问道："尊敬的智者，我们找遍了很多地方，可是还是没有找到快乐的一点影子。请您告诉我们，快乐到底在哪里呢？"

智者看看这群年轻人，笑笑说："既然你们找不到快乐，又有充裕的时间，那么，能否帮我造一条船呢？"

几个年轻人互相商量了一下，于是决定暂时把寻找快乐的事儿放到一边，帮助这位智者造一条船。他们很快找来了造船的工具，又到山上找到了一棵高大的树木。他们用了很长时间，终于锯倒了那棵适合造船的树，把它的主干运到了河边。这群年轻人又动手挖空了树心，制造了船桨。两个月过去了，一条独木船终于造好了。

这群年轻人把智者请来，大家一起上了船。独木船在水里快速地前进着，年轻人一边合力划船，一边齐声唱起了快乐的歌。

智者微笑地看着他们，问道："孩子们，你们现在觉得快乐吗？"

几个年轻人齐声回答："是的，我们快乐极了！"

于是，智者说道："快乐就是这样，当你无所事事，四处寻找它的时候，它就变得无影无踪；当你为着一个明确的目标，无暇顾及其他事情的时候，它就会突然来到你的身边。"

通过这个故事我们可以知道，烦恼不会主动来找你，除非你先去找它；快乐无法通过寻找得到，只能等它来找你。所以，寻找快乐的人，无疑是自寻烦恼。

生活中，我们总是可以看到许多衣食无忧的人拼命寻找快乐。他们通过各种各样的娱乐活动和社交游戏来让自己快乐，可是酒尽人散之后，只剩下更多的苦闷与空虚。因为，毫无目的的享乐，只是在浪费自己的资源和生命，只有找到人生的方向，才能让自己的内心获得安静。

1969 年 7 月，美国宇航员巴兹·奥尔德林登上了月球，时年 39 岁。作为地球上的登月第二人，奥尔德林可谓功成名就。他的家人和朋友们都为他的成绩而感到自豪，寻求商业合作的请柬更是纷纷而来。

但是奥尔德林并不觉得自己快乐，甚至不再喜欢自己原来的工作。在登月后的三年内，他离开了美国国家航空航天局，也没有再寻找新的工作。而且，一度染上了酗酒的恶习，每天借酒消愁，郁郁寡欢。

家人对他的情况非常担心，最后只好找来了心理医生。在配合医生治疗了一段时间后，奥尔德林终于走出了自己人生的那段阴霾。原来，他之所以在完成登月后却跌入人生低谷，是因为自己从此丧失了人生的目标，所以每天无所事事，醉生梦死。

巴兹·奥尔德林的经历让我们看到了，成功在给人们带来收获的同时，也麻痹着我们的人生。因为，所有的成功都将过去，不肯放下昨天的成功，就无法找到明天的方向。

生活中，我们可能已经获得了各种各样的成功，但是我们的内心依然空空荡荡。自我麻醉与逃避不会让我们得到快乐，只会增加更多的烦恼。放下曾经的成功去寻找人生新的方向，才是让心灵安稳的办法。与其用宝贵的人生追求眼前的成功，不如把毕生精力放在自我的修养之中，心安自然快乐。

6. 大处着眼，小处着手

我们要有大海一样的心胸，也要珍惜每一滴水；我们要有改变世界的决心，也要注意每一粒沙。因为一滴水也折射出整个大海，一粒沙里包含着大千世界。

生活中，我们要着眼于人生的大局，但要从自己身边的小事做起。首先要端正我们的心态，然后才能改变我们的生活状态；首先要养成好的习惯，然后才能拥有幸福的人生。如果每天生活在不切实际的雄心壮志当中，而不脚踏实地地去奋斗，那么，一切美好的憧憬都将化为虚无的泡影。

一个年轻人毕业于一所知名大学，刚走向社会时，因为自己的眼光过高，所以四处碰壁。后来，他经过仔细思考，做出了一个意外的选择，这个学物流管理的年轻人，居然选了一个待遇很低的速录工作。家人和朋友们都不同意他的决定，认为他是被就业压力搞出了心理疾病，纷纷来劝导和安慰他。

这个年轻人却笑着告诉自己的亲友，自己并没有自暴自弃，而是在经验中学会了正确地选择。在挑选了很多家公司之后，他十分看中这家大型食品公司。但是，这家公司的职位竞争也是最激烈的。其他的岗位虽然起点和工资都很诱人，但是报名的人也很多，高手如云，而且还要试用一年，随时淘汰。只有自己选择的速录工作，因为报酬差些，所以无人问津。凭借自己上网聊天练出来的打字速度，完全可以在这家公司站稳脚跟。

家人和朋友们虽然觉得他说得有道理，但还是觉得这个工作过于屈才，都劝他再找找别的机会。他却说："起点低不代表成就低，是人才在哪儿开始都可以有一番作为的。"大家见他如此倔强，也就不再阻拦。

年轻人进入了那家大型食品公司，很快就适应了自己的工作。很多还在找工作的同学，听说他竟然去做了速录，有的摇头叹息，有的背后嘲笑。但是，年轻人没有理会别人的看法，而是在这家食品公司里踏踏实实地做着自己的工作。

随着时间的推移，年轻人渐渐融入了同事们之中。随着公司业务发展越来越快，向各个客户配送产品的工作大量缺人。于是，年轻人主动向上司提出，自己愿意跟车配送。配送工作的待遇并不比速录的待遇高，而且每天要跑很多地方，十分辛苦。上司看了看主动请缨的年轻人，微笑着点了点头。

于是，年轻人又开始了自己配货员的工作生涯。他每天跟着配货的同事们开车把货物送到各个商店、超市，有时甚至没时间吃午饭。一个月下来，虽然双脚磨出了水泡，年轻人却依然乐此不疲，因为他和客户们建立了深厚的感情，同事们也都特别喜欢这个为人和气又勤快的年轻

人。由他负责配货的商家，从没向公司投诉过，公司上下对这个年轻人都刮目相看起来。

秋去冬来，转眼到了春节前夕。当上司在给各个部门拜年的时候，忽然发现一张桌子上堆满了贺卡，数量比自己收到的还多。上司好奇地问身边的人，这是谁的办公桌。别人告诉他，这个桌子是那个新来的年轻人的，贺卡都是他的客户送的。领导很快想起了这个主动要求做配货员的年轻人，几天之后，领导找来了年轻人，告诉他公司决定提拔他做销售部的主管。

年轻人沉默了一会儿，竟然拒绝了领导的提议，并希望能把自己调到仓储运输部。领导大惑不解，年轻人只好实话实说，自己原来是学物流管理出身，因为竞争激烈，所以做了速录员的工作。同时告诉领导自己并不擅长销售的工作，倒不如帮助公司管理一下仓库，反而能够发挥自己的专业优势。这样，无论是对公司还是对他自己，都是风险最低的选择。

领导再次对这个年轻人刮目相看，直接让他做了仓储运输部门的负责人。年轻人制订了全新、完善的供货计划。不但为每个商家都制定了一个合理的供货方案，而且大大提高了公司的效率，节约了配送的成本。

又过了半年，这个年轻人因为对公司的贡献杰出，被领导直接提拔成了副总。此时，当年一起毕业的很多同学，还在四处奔波地找工作，但是再也没有人笑话这个当年的速录员了。

故事中的年轻人，因为选择了较低的起点，从小处着手，最终才拥有了很高的职位，从大处落脚。当初那些劝阻他的亲友和嘲笑他的同学因为没有看到长远的发展，所以也就看不清眼下的抉择。不能谋全局者，不足以谋一域。而那个成功的年轻人，正是看到了全局的情况，所以选择了最基础的工作，并用心耕耘，终于做出了成绩。

生活中，我们只有放下自己的自满，才能从大处着眼，为人生做出正确的选择。也只有放下自满，才能从小处着手，为自己的人生打下坚实的基础。

7. 抬头看天，也要低头看路

仰望星空，我们看见满天星斗，感叹宇宙的壮阔与天体的无穷。但是不要忘记了低头看路，因为一块石头或者一口枯井足以结束我们美好的遐想，甚至整个人生。

生活中，每个人都不甘于平庸和寂寞，每个人都想做一番大事，立功立名。但是，理想总是很丰满，现实总是很骨感。多数人的一生，只是在重复地做一些具体而琐碎的事，平平淡淡，鸡毛蒜皮。

有人说，这就是工作，这就是人生。其实他们错了，这只是工作和人生的一个阶段，但是这个阶段是每个人都要走过，而且都要走好的，不然，也就没有日后的飞腾和辉煌。

莱克斯是一位动物学家，曾经亲自拍摄过许多野外的生物。当记者问起他最难忘的拍摄经历时，他说，自己最难忘记的是西伯利亚的一只长颈鹿。

那时，莱克斯要拍摄一组长颈鹿喝水的镜头，用来研究。最终他选择了一条水很浅的小溪，架好了摄像机准备拍摄。

这时，刚好有一只长颈鹿因为口渴得厉害，来到这条小溪边喝水。这条小溪的水又清又浅，还不到长颈鹿的脚踝，溪边是一颗颗光滑的鹅卵石。

就在长颈鹿刚刚走下小溪，准备用自己的长脖子喝水时，让莱克斯终生难忘的一幕发生了：那只长颈鹿突然脚下一滑，庞大的躯体轰然摔倒在了小溪里。摔倒的长颈鹿拼命挣扎着，想要再次站起来，但是它的腿太长，身体太重，外加一条长长的脖子，所以，无论它怎么挣扎，都

只能躺倒在地。

一旁的莱克斯心里着急，但又毫无办法。因为凭他一个人的力量是无法帮助这个庞然大物站起来的，而在茫茫的西伯利亚大草原上，要想找到其他人，至少也要一周时间。就这样，莱克斯眼睁睁地看着那只可怜的长颈鹿，它用尽自己最后的一点力气之后，便不再挣扎，垂下头淹死在了浅浅的溪水中。

原来，杀死长颈鹿的罪魁是一颗小小的鹅卵石。当这只长颈鹿低头喝水时，它没有注意自己的脚下，前脚不小心踩到了一颗鹅卵石。而鹅卵石因为长期泡在水里，表面长了一层滑滑的青苔，所以才导致了这个庞然大物最终的死亡。

长颈鹿因为自恃庞大，所以只顾喝水，没有注意脚下，结果被一颗小小的鹅卵石滑倒。最后，正是因为它的庞大，让它在倒下之后无法再次站起，只能做着无谓的挣扎。与其说是鹅卵石害死了长颈鹿，不如说是它自己的心态害死了自己，一种自满的、不注意小事的心态，足以害死任何庞大的动物或团体。

抬头看天，憧憬和规划，是成就大事不可缺少的激情；低头看路，谦虚和谨慎，是成就大事不可缺少的基础。

松下幸之助曾说："公司里的事，有90%我不知道。"而史玉柱曾说："我离破产永远只有12个月。"正是这种虚怀若谷的谦虚和居安思危的谨慎，才使得松下电器和脑白金这样的产品，能够在一波又一波的商业浪潮中屹立不倒。

生活中，有很多人喜欢抬头看天，他们是雄韬伟略的战略家，天马行空的思想者。但是，很少有人懂得低头看路，我们缺少精益求精的执行者，脚踏实地的实干家。所以，我们看到一个又一个梦想在现实面前化作泡影，一个又一个计划在执行当中成了空谈。

所以，要想改变我们的人生，首先要改变我们的心态和习惯。学会低头看路，懂得谨慎谦虚，最终才能拥抱灿烂的星空，获得幸福的人生。

8. 我们都不是宇宙的中心

曾经，人类认为地球是宇宙的中心；后来，随着天文学的发展，人类发现地球在绕着太阳运转，所以认为太阳才是宇宙的中心；现在，人类已经发现了宇宙是一个无边无际的世界，所以很难说出哪里才是宇宙真正的中心。人类对于宇宙中心的认知过程，和对自己的认知过程很像。小时候，我们总是以自己为中心，家里的所有人都围着我们的喜怒哀乐而转；长大后，参加了工作，发现老板才是真正的中心，公司里所有的员工都围着老板的行动决策而转；再后来，到了垂暮之年，发现人生的长河里很难找出一个中心，每个人的一生都是围绕着生老病死在转。

生活中，当我们还是以自己为中心的时候，那只能说明我们的智慧还很局限，经历还很肤浅。只有放下了自满，把人生中的每个人都看作宇宙的中心时，我们才真正地成熟起来。

从前，有一个老婆婆，养了许多公鸡。每天公鸡打鸣，老婆婆起床，太阳升起。年复一年，老婆婆觉得是自己的公鸡叫醒了太阳，而其他的村民之所以能够见到阳光，都是受了自己的恩惠。于是，老婆婆在其他人面前骄傲自大起来，认为自己是全村最了不起的人。村民们对老婆婆百般忍让，老婆婆却越来越傲慢无礼。

直到有一次，老婆婆和她的公鸡还在睡梦中，忽然被门外的声音吵醒了。老婆婆抬头一看，太阳已经高高地挂在天上，村民们也开始唱着歌下地干活了。老婆婆这才意识到，太阳的升起跟自己的公鸡毫无关系，想起自己平日的所作所为，顿时羞愧得无地自容，只好搬到别的村子里去了。

故事中的老婆婆因为以自己为中心，结果闹得邻里不睦。后来发现了世界的真相，只好羞愧地搬家。所以，放下以自我为中心的道理，越早懂得，就越早结束我们生活中的错误，也就可以越早开始我们人生中的幸福。

从前，有一户富裕的人家，虽然丰衣足食，但是家里人之间经常吵架，让一家之主苦恼不堪。在他家的旁边，住着一户贫困的邻居，这户邻居家里虽然生活艰苦，但是家里人之间相处融洽，生活得非常和乐。

富裕人家的男主人对邻居的家庭氛围十分羡慕，便前往请教。他向邻居家的男主人问道："我们家吃喝不愁，家人之间却还是不免发生争执；而你们家的条件并不比我家好，为什么反而能够其乐融融呢？"

邻居家的男主人想了想，便回答说："我们家的条件和你们家比简直是天壤之别，你们每天大鱼大肉，我们家人能吃顿饱饭就不错了。但是家庭的氛围与贫富无关，我们家之所以不会吵架，是因为我们家每个人都是坏人；而你们家之所以经常发生争执，是因为你们家所有人都是好人啊。"

富裕人家的男主人被说得一头雾水，连忙问："此话怎讲？"

邻居家的男主人笑着说道："我们家的人都是坏人，所以会犯错误。比如一个杯子被人不小心摔破了，摔破的人会觉得是自己不小心，放杯子的人会觉得是自己没放好，大家互相道歉，也就不会吵架。而你们家的人都是好人，所以从来都不犯错。如果有人摔破了杯子，摔破的人会说是别人没有放好，放杯子的人会说是别人走路不小心，谁也不愿意说自己有错，所以难免发生争执。"

在以自我为中心的人眼里，自己永远正确，错误都在别人身上，结果既不知错，也绝不改正。只有放下以自我为中心，才能体会别人的心情，学会换位思考，让一切变得美好。

生活中，总是有人觉得自己就是太阳，其他人只是太阳系里的星星和月亮，一切都要围着他运转。结果造成了交往的障碍，自己成为寸草

150

不生的沙漠。其实，只要我们愿意从自己的中心位置走出来，到别人的角度去看一看，学会换位思考，懂得替别人着想，那么，一切难题都可以迎刃而解。

9. 做一只装不满的杯子

只有不断滴下的水滴，才能穿透坚硬的磐石；只有不停雕琢的刻刀，才能镂空坚硬的金属。如果水滴停下自己的脚步，那么石头上不会留下任何痕迹；如果刻刀停下自己的脚步，那么金属上不会留下任何痕迹；如果我们停下自己的脚步，那么人生中很难取得任何成绩。

一次，孔子带着学生们到鲁桓公的祠庙里参观。他们看到了一个用来装水的器皿，倾斜着放在祠庙里。于是，孔子便向当地人请教："请问，这是什么器皿呢？"

当地人告诉他说："这个东西的名字叫'敧器'，就像'座右铭'一样，是放在君王座位右边，用来警戒君王不可自满的。"

孔子仔细观察着这个敧器，对学生们说道："我听说这种敧器，在自己没有水或水很少时就会倾斜；水装得适中，就会端正；水装得过多或装满了，就会翻倒。"

说着，孔子领着学生们往敧器里装水实验。学生们慢慢地向这个器皿里装水。果然，跟孔子所说的一样。当水装得适中的时候，这个器皿能够端端正正地立在那里。不一会儿，水装满了，这个器皿就自己翻倒，里面的水也全部流了出来。

看罢，孔子便对学生们说道："做人的道理也和这个器皿一样啊，世上所有过于自满的事物，最终都会倾覆翻倒的！"

古人用敧器装满水就倾覆翻倒的现象，来警示自己不可骄傲自满。

因为，一个人用骄傲自满装满自己的内心，那么，他的人生就会倾覆翻倒。

自然界中，水满则溢，月盈则亏；生活中，自满则学业退步，心满则事业败毁。所以，我们不可不时时谨记，保持谦虚才能有所成就。

著名的钢琴家克莱德曼素有"钢琴王子"的美誉。一次，他来中国巡演，演出刚一结束，大厅里就排起了长龙。大家都在等待着，向这位"钢琴王子"索要签名留念。

克莱德曼耐心地跟每一个人合影，为他们签名。当一对父子来到克莱德曼面前时，克莱德曼没想到自己还有这么小的"粉丝"。于是就客气地问他们，希望把签名写在哪里。

不料，这位父亲却说："我们不要签名。"大厅里的人群惊诧不已，克莱德曼也很好奇地看着这对父子。那位父亲顿了顿，继续说道："我们不要签名，但是有一个不情之请，我想让我的孩子握一下您的双手，可以吗？"

克莱德曼更加不解这位父亲的举动了，直愣愣地站在那里。这位父亲向克莱德曼深鞠一躬，把自己的儿子拽到身前，接着说道："您是我非常尊敬的钢琴大师。我从小就让我的儿子学习钢琴。这个孩子对钢琴很有悟性，也愿意吃苦。可是，这两年，他接连获奖，每次比赛都拿第一，所以有些飘飘然了。尤其是最近，他到处表演，炫耀琴技，根本没有心思练琴。所以，我今天一是来听您的演出，二是想让孩子明白怎样才算是一个真正的钢琴家。"

克莱德曼听了这位父亲的话，深深地被打动了。他伸出了自己的双手，微笑着对眼前的小男孩说："来吧，孩子，你是好样的。"

看着这双与钢琴打了半辈子交道的大手，小男孩颤抖着伸出了自己的那双小手，在和克莱德曼的十指接触的瞬间，他摸到了克莱德曼指头上厚厚的老茧。小男孩仿佛被电到了一般，他那双小手久久悬在空中，双眼痴痴地望着这位"钢琴王子"，嘴里不停地念叨着："钢琴家，钢琴家……"

此后，这个曾经骄傲的小男孩开始苦心练琴，他再也没有自满过，而是每天坐在钢琴面前苦苦打磨着自己的琴技，最终成为一位著名的钢琴家。

男孩在少年时就展露出了非凡的音乐天赋，但是成就这位"钢琴王子"日后辉煌的，却是他懂得放下自满，刻苦练琴。

生活中，取得非凡成就的往往是那些天赋一般的人，而聪明人往往最终普普通通，甚至人生惨淡。道理就在于前者懂得谦虚和不断努力，后者因为自满而终究平凡。

其实，真正的聪明人应该懂得，日中就得西斜，物盛就要衰败，这是天地的道理。所以，有天赋而加倍努力，有成绩而加倍谦虚，才能让人生立于不败之地。

10. 谦虚做人是成事的根本

翻开历史，我们总会发现，历史的账面记得清清楚楚。人类总是因为处境艰辛而发愤图强，因为发愤图强而有所成就，因为有所成就而谦虚谨慎，因为谦虚谨慎而保有富贵，因为长期富贵而骄奢淫逸，因为骄奢淫逸而终究回到艰辛的处境。

生活中，我们如果想要保持自己得来不易的成就，那么就要放下自满的心理，时刻保持谦虚的态度。这样才能赢得别人发自内心的尊敬，保持自己得来不易的成绩。

托马斯·杰斐逊是美国第三任总统。在没有成为总统之前，他曾担任美国的驻法大使。

一天，托马斯·杰斐逊到法国的外长公寓拜访，受到了外长的热情款待。寒暄过后，外长忽然向杰斐逊问道："现在，是您代替了富兰克

林先生?"

杰斐逊马上回答说:"不是代替,而是接替了他的职位。因为没有人能够代替得了富兰克林先生。"

杰斐逊在一句话上也不肯马虎带过,将"代替"改为"接替",表现了对富兰克林的尊重和自己谦虚的品格。

生活中,不论是大人物,还是小人物,凡是能够取得成就并被人尊重的人,一定是懂得谦虚和尊重别人的人。因为他们知道,越是浩瀚的大海,越是处在地势的低处,只有这样,才能引来江河的归附。

有一位不知名的作家,他有一位朋友是知名的画家。作家几乎每次去画家家里做客,都会遇上一些年轻人登门求教。而那位画家总是很耐心地给他们讲解技巧,指点他们的画技,常常一讲就耽误了大半天的时间。对于有的年轻人,他还主动推荐给有关部门、媒体,时不时鼓励那些无名晚辈不要放弃梦想。

作家也知道自己的朋友这样诲人不倦,是在尽自己提携后辈的义务,但是他更知道画家的时间宝贵,身体虚弱,就忍不住问道:"你现在已经功成名就了,身体又不好,外面的应酬还经常推掉,又何必把时间浪费在这些小人物身上呢?"

画家听了朋友的话,先是一愣,然后笑着说:"曾经有一个小人物拿了自己的画,登门拜访一位功成名就的画家,希望这位前辈可以给自己一些指点。结果那位大画家看着眼前的小人物,连画轴都没打开,就说自己很忙,让家人送客。那个小人物走到门口,转身说:'老师,您现在站在山顶,往下看我这个小人物,觉得我很渺小;但我站在山下往上看您,现在也觉得同样很渺小。'说完,这个小人物就回去了。但是他因为受了刺激,所以更加勤奋地练习,四处拜师学艺,最后总算有了点儿名气。当年那个小人物就是我。今天我虽然取得了一点成绩,但我经常提醒自己:一个人的形象是否高大,并不在于他所处的位置,而在于他是否懂得谦虚。"

后来，画家送了作家一幅画，画的是一座山峰，山顶有一个人往下看，山下有一个人往上看，两个人果然是一样大小。作家把这幅画挂在自己写作的桌前，每天督促自己努力，后来也终于成了知名的作家，但是他也一直保持着谦虚的态度。

故事中的画家之所以能够功成名就，一方面来自年轻时的努力，一方面来自成功后的谦虚。而作家也是在明白了这个道理之后，才从不知名变得知名起来。

生活中，谦虚可以说是做人、做事的根本，没有谦虚，人无法立足，事无法成就。但是谦虚，也可以分成不同的层次。

第一层，不自吹自擂的人，这种人虽然没有成绩，但是也不会夸夸其谈。人们会欣赏他的诚实，愿意与他交往。这种人算是本分。

第二层，不居功自傲的人，这种人有很大的成绩，但是从不拿来夸耀。人们敬佩他的品德，愿意接受他的领导。这种人算是君子。

第三层，放下谦虚的人，这种人不但不居功自傲，而且连谦虚的名声也不愿承担。人们被他的德行感化，自觉改正自己的行为。这种人，算得上是圣人。

不论哪一层次的谦虚，都很难做到；不论哪一层次的谦虚，做到后都会获得幸福的人生。所以，在人生的道路上，不但要知道如何取得成绩，更要在取得成绩之后懂得如何谦虚。

 ## 11. 要学会安守本分

人生如同行路，往往有进有退。进时不能因为太冒失而失去了方向，退时不能因为太谨慎而错过了机会。如何恰到好处地拿捏进退的尺度，就需要一个人懂得安守自己的本分。

越过了自己本分的人，往往是有能力的人。因为有能力，所以内心难免躁动不安，想要自我表现。但是，忘记了自己的本分，就会表现过头，最后弄巧成拙，反而断送了自己的前程。

一个中年人因为刚刚搬入新家，所以需要买一把结实的新锁。他在商店左挑右选，终于选中一把结实牢靠又方便灵活的铁锁。售货员送上钥匙，中年人满意地离开了商店。他手里的铁锁和钥匙也非常高兴，因为它们终于有机会为人类服务了。中年人把新买的锁头和钥匙挂在门上，满意地睡去了，铁锁和钥匙开始小声地交谈。

铁锁对钥匙说："钥匙兄弟，接下来的日子里我一定把家看好，配合你的工作，我俩要精诚团结，一起努力。"

钥匙回答说："是的，铁锁大哥。这位主人挑了那么久，最终选中咱俩，我们可不能让他失望啊。"

转眼三个月过去了，中年夫妇对新房非常满意，尤其是新换的铁锁和钥匙，每次开门都配合得非常默契。主人常常夸奖新锁又牢靠又灵活，却从来没有提过钥匙的功劳。

这天晚上，趁主人睡去之后，铁锁得意地对钥匙说："钥匙兄弟，这三个月主人常常夸奖我，我们一直配合得不错，希望你以后继续努力。"

钥匙有些不服气地说："主人每次只夸奖你，可是功劳并不都是你一个人的。"

铁锁也不高兴了，说道："你有什么功劳，白天看家的只有我自己，你不过就是我的一个配角罢了。"

钥匙冷笑道："明天就让你见识见识谁是配角，谁是主角。"

第二天，中年人回到家时，像往常一样准备打开铁锁，却找不到钥匙了。他找遍自己全身，仍然没有见到钥匙的踪影。中年人急着进门，打算将铁锁砸开。铁锁心里害怕极了，心中盼望着奇迹的出现。就在这时，女主人打来了电话，说道："亲爱的，家里的钥匙在我包里，你是不是被锁在门外了？"

中年人接到妻子的电话，马上安心了，说道："那你快点回来吧，没有钥匙我开不了门啊。"

一会儿工夫，女主人来到了门前，拿出钥匙，轻轻打开了铁锁。

夜深人静之后，铁锁羞愧地对钥匙说："钥匙兄弟，今天实在是多亏你了，要不然我的脑袋就被砸开了。"

钥匙也惊魂未定地说道："铁锁大哥，我也吓坏了，要是主人砸开了你的脑袋，我的下场还不是变成一块没用的废物。"

铁锁说道："你快别说了，我俩是天生配合在一起的，根本没有什么主角配角的，以后咱们还是要精诚团结，因为我们谁也离不开谁。"

就这样，铁锁和钥匙再也没有发生过争执，各自安守着自己的本分，愉快地为主人工作着。

铁锁与钥匙各安其分，最终才能配合得当，把家看好。做人也是如此，不能因为自己在某方面略有所长就忘乎所以，干出逾越本分的事情来。在别人的眼里，能力固然可贵，但是德行才是判断一个人的根本因素。

清朝雍正年间，戴震跟随自己的老师到朝廷做官，并受到皇帝的召见。皇帝随口问了他的老师几个问题，而老先生因为紧张，身体直哆嗦，舌头也打了结，所以无法对答。于是，他就对皇帝推荐了他的学生

戴震，希望皇帝准许戴震替他回答。

皇帝看看这个年轻人，就答应了。戴震面对皇帝的问题，不慌不忙，口若悬河，言简意赅地切中要点，说得清清楚楚。皇帝听得十分高兴，一面赏识戴震的才能，一面问道："你说说，你和你的老师比，谁的才能更高一些呢？"

戴震谦虚地回答说："我怎么敢跟老师相提并论呢，我的学问不过是从老师那条河水里取出来的一瓢罢了。"

皇帝听了戴震的回答，微笑着又问道："那么，为什么你可以对答如流，而你的老师却口不能言呢？"

戴震更加恭敬地说："我的老师上了年纪，所以耳朵难免有些听不清楚。我不过是仗着年轻，用老师教过我的东西来回答皇上的问题罢了。"

皇帝听罢，哈哈大笑，十分赞赏戴震的品格，觉得他能够恪守本分，于是特别开恩赏赐戴震为翰林。

戴震之所以能够得到皇帝的赏识，不仅是因为他博学多才、对答如流，更主要的是因为他没有忘记安守一个学生的本分。如果戴震在受到皇帝夸奖之后忘乎所以，在皇帝面前贬低自己的老师，恐怕不用他的老师开口，皇帝先就在心里瞧不起这个年轻人了。

所以，人生得意是好事，但是如果不能在得意时守住本分，那么好事最终也会变成坏事。容易引起别人的嫉妒与陷害不说，还断送了自己前进的路程。

闻名世界的诺贝尔奖是以阿尔弗雷德·贝恩哈德·诺贝尔的部分遗产（3100万瑞典克朗）作为基金创立，并以他的名字命名的。

诺贝尔是19世纪末的瑞典化学家，硝化甘油炸药的发明人。他的一生对科学界贡献极大，但从不自满，总是安守着自己的本分。

曾经有一位瑞典出版商，想要出版一部瑞典名人集。他特意找到诺贝尔，希望把他收录到自己的名人集之中。诺贝尔却十分有礼貌地对他说："我十分欣赏您要出一本名人集的想法，同时也愿意给您最大的帮助，但是我要请求您一件事，就是不要将我收入其中。因为我不配得到这种名望，更不希望别人用过于华丽的辞藻来描述我的生活。"

还有一次，诺贝尔的哥哥想编一部家族史，于是写信给诺贝尔，让他为自己写一份自传。诺贝尔在自己的小传中写道："阿尔弗雷德·诺贝尔——他那可怜的生命，在呱呱坠地时，差点断送在一位仁慈的医生手里。主要的美德是保持指甲的干净，从不累及别人；主要的过错是终生不娶，脾气不佳，消化力差；仅有的一个希望是不要被人活埋；最大的罪恶是不懂得尊敬财神；一生的成就是一无所有。"

他的哥哥收到回信，又多次写信给诺贝尔，反复劝说他将自己的成绩都写出来。并提议，如果诺贝尔没有时间的话，他愿意请人加工整理。诺贝尔坚持自己原来的写法，并对哥哥说："没有时间并不是最重要的原因，根本的原因是我不能吹嘘自己。在浩瀚的宇宙中，在历史的长河里，我们都显得如此无足轻重，又有什么值得去写一部厚厚的自传呢？"

诺贝尔一生谦虚本分，不愿意夸耀自己的成绩。因此，他能够专心于自己的事业，最终一直为世人所赞耀。由此可见，本分是成功与幸福的来源，它可以保证我们走好人生中的每一步。无论是前进还是后退，只有谦虚本分的人，才能恰到好处地走到对自己最有利的境界之中。

12. 卓越来自严格

在生活中我们发现，越是优秀的学生，老师对他越是严格要求。命运也是同样的脾气，越是伟大的人生，越是充满了各种崎岖坎坷。因为，我们要知道，优秀只是区别于平凡而已，只有达到了卓越才能够超

脱于平凡。为了让我们超脱于平凡之外，无论老师还是人生，难免会对我们严格要求。

盛夏时节，山后的池塘里荷花盛开，一个小和尚看着美丽的景色，感慨着荷花的出淤泥而不染，不禁想采一枝供在自己的禅房里。就在他一伸手的瞬间，只听背后一声大喝："出家人怎么可以做这样的事情呢？"

小和尚被吓了一跳，赶紧将手缩回来。回头看时，原来是自己的师父。想起师父平日教诲自己要爱惜生命，放下自私与执着，小和尚的脸马上羞得通红。

正在小和尚不知该说什么的时候，一个渔夫径直朝荷塘走来。不由分说地采摘了许多莲蓬，又拔出好多莲藕，将荷塘弄得破败不堪。渔夫拿起自己的收获，刚要离开，看了看站在一旁的两个和尚，说道："大师，我采些莲蓬莲藕下酒，不碍事吧？"

小和尚刚要说话，老和尚马上抢着说道："不碍事，施主自便就是了。"

于是渔夫毫不客气地走了，留下一脸茫然的小和尚。他不服气地问师父："师父，我刚才不过是想采一枝荷花供在自己的禅房里，您就对我大声呵斥。刚才那个人拿走了那么多莲蓬、莲藕，您为什么不教训他一番呢？"

老和尚笑着对小和尚说："我对你严厉，因为你是信守戒律的出家人；对他慈悲，因为他是活在迷惘中的普通人啊。"

故事中的小和尚因为选择了出家修行的道路，所以老和尚对他要求严格，想要采摘一枝荷花就被大声呵斥。而那个渔夫本来就是个常人，所以老和尚对他采莲蓬、挖莲藕都不反对。明白了这个道理，小和尚心里不但不应该委屈，而且要感谢师父的严厉才对。因为对学生的严格，正是老师宠爱学生的方法。

所以，过度的纵容不是对学生的慈悲，而是在毁掉他们的人生；适当的严格才是对学生的爱护，让他们从优秀走向卓越。面对老师的严厉之爱，我们要懂得珍惜和感恩。同时，为了让自己今后的人生路能够更加精彩，我们也要放下自满，时刻严格要求自己。

160

第八章

用自信代替自卑

人生路上，谁也免不了浮浮沉沉，起起落落。于是，我们的耳畔总是有哭有笑，有悲有喜。其实，人生路上，正是自卑与自信，区别了我们的失败与成功。自信的人相信自己的直觉，坚持到最后成功的一刻；自卑的人，怀疑自己的感觉，最终掉进错觉的旋涡。在一个真正自信的人面前，一切困难都是炼金石，让自己焕发出真金的光彩；一切怀疑都是加速器，加速自己走向成功的脚步。人生路上，我们要用自信代替自卑，为自己的成功开路。

 1. 别让自卑阻碍了你的成功

做人需要谦虚，但是谦虚不是自卑。谦虚与自卑的区别就在于，谦虚的人很清楚地知道自己的价值，而自卑的人总爱妄自菲薄。如果一个人自己都无法肯定自己的价值，那么这个世界自然也会觉得你一文不值。

在生活中，我们常常因为自卑而错失良机。在工作的挑战面前，在爱情的表达方面，自卑的人无法收获本属于自己的幸福。放下自卑心理，相信自己的能力，大胆地去尝试，努力去做被成功青睐的人。

DNA（脱氧核糖核酸）双螺旋结构假说的提出，标志着生物时代的开端，人类的这一发现，要从 1951 年说起。那一年，一位叫作弗兰克林的英国人，发现了 DNA 的螺旋结构，但是我们今天对于 DNA 结构的认识却是来自霍森和克里克那里，他们也因此获得了 1962 年的诺贝尔医学奖。

事情还要从弗兰克林的性格说起。弗兰克林生性自卑多疑，总是怀疑自己论点的可靠性。当他从自己拍得的 DNA X 射线衍射照片上，发现了 DNA 的螺旋结构时，他感到欣喜若狂，并决定就此举行一次报告会。然而报告会上，很多人提出了质疑，弗兰克林的自卑开始起作用，他不停地怀疑自己的发现，后来竟然放弃了自己先前的假说。

可是就在两年之后，霍森和克里克也从照片上发现了 DNA 分子结构，他们同样感到欣喜若狂，同样提出了 DNA 的双螺旋结构的假说。面对外界的怀疑，他们没有放弃，而是继续进行实验，证明这一假说的可靠性。最终，这一假说被学术界接受，两个人也因此而获得 1962 年的诺贝尔医学奖。

同样的发现，却让自信的人捧得诺贝尔医学奖，让不自信的人一无所获。假如弗兰克林能够克服自己的自卑，坚信自己的假说，并继续进行深入研究，那么历史将被改写，关于 DNA 的发现，就将永远记载在他的英名之下了。

当我们的成绩不被人肯定的时候，自卑只会让自己一蹶不振，只有打起精神，找回自信，再加上不断努力，成功当然愿意眷顾这样的人了。

读过《伯格曼论电影》的朋友，都会记得书中所记述的这样一件事。1947 年，伯格曼拍了一部电影，叫作《开往印度的船》。当时的伯格曼觉得自己的电影天赋在当时的导演中首屈一指，并认定这部电影是一部杰作。他对负责剪辑的人说，"不准剪掉其中任何一呎"，后来甚至连试映都没有，就匆忙将《开往印度的船》首映。

结果自负的伯格曼得到了惨痛的教训。电影的拷贝出了重大事故，整部电影无法正常放映，影评人对于这部电影更是极尽讽刺挖苦之能事。

伯格曼在接下来的酒会上喝得不省人事，第二天早晨，他在一幢公寓的台阶上醒过来，看着报纸上的影评，对自己的导演生涯彻底绝望了。

也就在此时，他的一位朋友看着一脸颓废的伯格曼，笑容可掬地说道："何必如此自卑呢，明天照样会有报纸。"

朋友的话把伯格曼点醒了。是的，明天照样会有报纸，冷言讥语很快都会过去的。伯格曼想到这里，终于又恢复了自信，决定争取在明天的报纸上写下最新最美的内容。

重新振作起来的伯格曼开始从失败中吸取教训，他经常到录音部门和冲印厂向那里的师傅请教，并很快学会了与录音、冲片、印片有关的一切，同时还学会了关于摄影机与镜头的知识。从此伯格曼在电影里可以随心所欲地表达自己想要的效果，一代电影大师就这样成长起来。

伯格曼是幸运的，他的幸运一方面来自那个安慰他的朋友，另一方面来自他能够找回自己的自信。人生不如意十之八九，哪怕当失败摆在我们面前时，我们也不必让自卑占据了自己的心灵，从而毁了一切。以平常心对待一切顺境逆境，还有什么可怕的呢？

 2. 走出心灵的阴影

生活本来不是坦途，人生路上难免遇到各种各样的坎坷。有时候我们深陷其中，觉得自己经历了无法逾越的考验；有时候我们无法自拔，觉得整个世界陷入了一片灰暗的磨难。其实，这些都是因为我们自己不能放下所造成的。生活中，该过去的，终究要让它过去；该放下的，终究要学会放下。人生没有过不去的火焰山，所需要的无非是面对的勇气和放下的智慧。所以，我们与其在困难面前顾影自怜，倒不如修炼自己的心灵，安心上路。

故事的主人公在一家机械公司上班，虽然工作很累，但是他每天都很快乐。不幸的是，一次机器故障导致他的右眼失明，从此他变得沉默寡言，闭门不出。他害怕上街，害怕被人看到，因为街上总是有许多人盯着他失明的眼睛。

他也无法再回到曾经的工作岗位，不是因为丧失劳动能力，而是打不开那扇心门。他的妻子并没有说什么，而是默默地负担起了家庭的所有开支。因为她很在乎这个家，很爱自己的丈夫，在妻子的内心深处认为丈夫心中的阴影总会消除的，那只是时间问题，全家可以过得和以前一样。

但是天不遂人愿，右眼失明的丈夫不但没有从意外的阴影中恢复过来，他的另一只眼睛也开始视力下降。他开始看不清书上的字，看不清桌上的餐具，甚至开始看不清家人的面孔，经常认错人。

当丈夫的情况一天比一天糟糕时，妻子就开始每天偷偷地流泪。其实，妻子早就知道丈夫会面临双目失明的后果，只是怕自己的丈夫受不了如此沉重的打击，而要求医生不要告诉他。

当丈夫知道自己要完全失明后，反而镇静多了，妻子很想为丈夫留下点什么就请来了一个油漆匠。妻子想让油漆匠把家具和墙壁粉刷一遍，让自己丈夫的心中永远有一个新家。

油漆匠工作很认真，同时又忙里偷闲，一边干活还一边吹着口哨。整整干了一个星期，才把所有的家具和墙壁刷好，油漆匠也知道男主人正面临着失明的威胁，于是就主动跟他聊天。

"对不起，我干得很慢。"油漆匠很坦诚地说。

"不，感谢你陪伴了我一个星期，你天天那么开心，我也为此感到高兴。"男主人说。

结算工钱的时候，油漆匠要求少收100元，妻子和丈夫都坚持要给他全部费用。

油漆匠说："我并没有少拿我的报酬，相反地，我已经多拿了。看到一个面对失明的人还能如此平静，你让我学会了什么叫勇气。"

但男主人却坚持要多给油漆匠100元，同时对那个油漆匠说："我应该感谢你，我在你那里学会了原来残疾人也可以自食其力，生活得很快乐。"

因为那个油漆匠只有一只手。

两个身体残疾的人，分别从对方身上学到了生活的智慧与勇气。其实，身体的残疾固然不幸，而心灵产生阴影则是更大的不幸。人生中的阴影，往往是我们背对着光线而产生的。那么，为什么不及时转过身来呢？

 ## 3. 残缺也是一种美

世界上万事万物，在其美好的一面之下，总是存在着一点小小的瑕疵。鲈鱼鲜美，偏偏多骨；海棠妖媚，却无香味。如果总是挂怀着生命中的美中不足，那么我们人生的格局未免太局促了。

米洛斯的维纳斯雕像是希腊划时代的一件杰作，人们一方面陶醉于她卓越的雕刻技巧和完美的艺术形象，另一方面更加被她失去的双臂而带入一种诗意的境界。她那残缺的双臂，不但不是美中不足，反而具有一种慑人心魄的魅力，散发一种缺憾的美。

当断臂的维纳斯刚刚被挖掘出来时，曾有人想把她失去的双臂复原。但是人们觉得"十全"的维纳斯并不是"十美"的，因为没有双臂的维纳斯给人以无限的想象空间，有一种不可思议的抽象艺术效果和一种难以描绘的神秘气息。

或许因为残缺的双臂，维纳斯仿佛才具有更高的美感。所以我们在生活中，完全没有必要为了自己的美中不足而自卑。美中有所不足，才是真实的美、可感的美。

从前，有一只木车轮被砍下了一角，从此伤心郁闷，觉得自己再也无法像从前那样快速地向前转动了。

残缺的木车轮下定决心，要找一片合适的木片重新使自己完整起来。于是它离开了家，开始了自己的长途跋涉。

由于不完整，木车轮走得很慢。柔和的阳光照耀着它，路边各种美丽的花朵向它打招呼，草叶间的小虫也愉快地与它攀谈。当然，木车轮也看到了许许多多的木片，可惜都不合适，无法修补它的残缺。

终于功夫不负有心人，木车轮在长途跋涉之后，发现了一块形状非常适合自己的木片。于是它马上开始动手，并且很快就将自己修补得完好如初了。

恢复完美的车轮欣喜若狂，飞快地向前面跑去。跑着跑着，木车轮突然发现自己眼前的世界变了。由于跑得太快，它根本看不清花儿美丽的笑脸，也听不到小虫善意的鸣叫。于是木车轮停了下来，苦思良久，它最后又把木片留在了路边，带着残缺上路了。

残缺的木车轮，因为残缺而饱览了世间的美景；完美的木车轮，却因为步履匆匆而失去了怡然的心境。所以当生活有所缺憾时，我们不但不应该感到自卑，反而应该感到高兴。正是有这些缺憾的存在，我们才能深刻地感受到生活的真实。

清代中兴名臣曾国藩，竟然把自己的书房命名为"求缺斋"，足见他对天道亏盈、地道变盈、鬼神害盈、人道恶盈的深刻感悟，也值得我辈深思细想！

4. 感谢"踩"你的人

人生就像一首复杂的交响乐，我们耳边不但会听到热情的赞美，也会听到刺耳的讽刺。赞美当然让我们内心舒畅，讽刺则会引起我们心中的自卑。生活中，有人因为自己的相貌而自卑，有人因为自己的出身而自卑，有人因为自己的遭遇而自卑。但是，真正的问题也许并不在我们的相貌、出身或者是遭遇上。如果我们能够换个角度审视自己和嘲笑我们的人，那么，也许我们可以得到新的看法。

林肯，被公认为美国历史上最伟大的总统。但是他出身贫寒，相貌丑陋，时常有人拿他长得像猴子和父亲是鞋匠取笑他。

在林肯刚刚当选总统，首度在参议院发表演说之前，那些贵族出身

的参议员都对这个鞋匠的儿子十分瞧不起，并且计划要羞辱他一番。

当林肯站上演讲台，要开始讲话的时候，忽然有一位参议员站了起来，态度傲慢地说："林肯先生，在你演讲之前，我要提醒你不要忘记，你是一个鞋匠的儿子。"

话音刚落，在场所有的参议员都大笑起来，笑声中充满了嘲讽和侮辱。

林肯一直在上面静静地站着，直到大家的笑声停止，他才说道："我非常感激您使我想起我的父亲，他已经过世了，我一定会永远记住您的忠告，我永远是鞋匠的儿子，我知道我做总统永远无法像我父亲做鞋匠做得那么好。"

这时，参议院上下都陷入了一片静默。林肯则转身对刚才那个想要羞辱他的参议员说："就我所知，我父亲以前也为您的家人做鞋子，如果您的鞋子不合脚，我可以帮您改正它。虽然我不是伟大的鞋匠，但是我从小就跟随父亲学到了做鞋子的艺术。"

正在这位参议员倍感诧异的时候，林肯又对所有的参议员说："对参议院里的任何人都一样，如果你们穿的那双鞋是我父亲做的，而它们需要修理和改善，我一定尽可能帮忙。但是有一件事是可以确定的，我无法像我的父亲那么伟大，因为他的手艺是无人能比的。"说到这里，林肯不禁流下了眼泪。

参议院里再也没有人瞧不起这个鞋匠的儿子了，在他们心目中，这是一位坦诚而有担当的总统，之前所有的嘲笑此刻全部化为了赞叹的掌声。

林肯的一生从来没有因为自己是鞋匠的儿子而自卑过，相反，每当提起他的父亲，他都充满了敬佩与怀念之情，于是也就再没有人嘲笑过他的出身。因为他知道：生活中面对自己的不如意，自卑没有任何用处；而面对别人的嘲讽，我们则应该学会淡定。

其实，我们的人生就像世界上的各个剧院，不会只有一处在上演剧目，很可能是多个剧院在同时上演着不同的剧目。也就是说，一面看上去是惨不忍睹，但是同时存在的另一面却可能是光彩照人。只有学会从不同的角度打量自己的生命，我们才能拥有淡定的心态，享受喜悦的人生。

在一个宁静的夜晚，河边有一个美丽的女子投河自尽。还好不远处有一个在夜里打鱼的渔夫，渔夫赶紧把船划到岸边，救起了自寻短见的女子。

在渔夫的抢救之下，女子睁开了眼睛，眼角满是泪痕。

渔夫连忙问道："你是如此美丽，又年纪轻轻，为什么要自寻短见呢？"

女子哭诉道："在结婚的第一年里，丈夫抛弃了我；在离婚的第一年里，孩子离开了我，你说我活着还有什么意思呢？"说罢，哭得更加伤心了。

渔夫见女子毫无活下去的欲望，就又问道："我想问你，两年前你是什么样的呢？"

女子回忆起自己从前的时光，眼睛一亮，说道："那时我自由自在，对生活充满了希望。"

渔夫又问道："那时你有丈夫吗？"

女子答道："当然没有啊。"

"那时你有孩子吗？"渔夫接着问。

"也没有啊，我还没结婚，哪来的孩子呢？"女子被渔夫的问题弄蒙了。

渔夫微笑着对女子说："那么，你现在不过是被我的船送回到了两年前，又有什么好难过的呢？"

女子这才醒悟过来，揉了揉眼睛，仿佛大梦初醒。

渔夫帮助投河的女子换了一个人生的视角，于是女子马上找回了当年那个自由自在、对生活充满希望的自己。当我们觉得人生前路一片灰暗的时候，也不妨换个角度。考试失败、商场失手、情场失意，刚好可以让自己静下心来，把自己解脱出来，铺垫新的基础，准备新的出发。

所以，不论我们现在的处境如何，我们都没有理由自卑。放下自卑的方法其实很简单，只需要我们转移一下视线，转换一个角度。

 ## 5. 自信是成功的第一秘诀

人们常常将自己的自卑情结归咎于环境的不如人意，觉得如果自己再漂亮一点，就会更自信；或者自己更富有一点，就会更自信；又或者考取一个高校文凭，就会更自信。却不知道，其实自信一直都在自己心里。找到自信的关键，就是相信自己。

古时候，一位将军带着自己的儿子去打仗，年轻人一到军营就希望自己能够有机会建功立业，像父亲一样成为优秀的将军。可是做将军的父亲却总是劝儿子不要着急，说他还有些东西没有学会。儿子心想，自己自幼习武，又精通兵法，所以对父亲的说法很不同意。

一天，儿子再次向父亲请命出战，态度十分坚决。父亲见他执意要证明自己，只好答应。临行前，做将军的父亲庄严地托起一个箭囊，并郑重地对儿子说："这是我们家的传家宝箭，带在身边，可以弥补你还没学会的东西，但千万不可将里面的这支箭抽出来，切记，切记。"

儿子定睛一看，只见一个极其精美的箭囊，牛皮打制，镶金缀玉，里面只插着一支箭。再看露出的箭尾，一眼便能认定是用上等的孔雀羽毛制作。儿子喜上眉梢，告别了父亲，翻身上马，直奔敌营而去。

配带宝箭的儿子果然英勇非凡，所向披靡。敌军被杀得丢盔卸甲，四散溃逃。眼看胜利在望，年轻人再也禁不住得胜的喜悦，一股强烈的欲望驱使着他拔出了箭囊里的宝箭。

赫然显现在年轻人眼前的，竟然是一支断箭。儿子怎么也想不明白，父亲为什么要给自己的箭囊里装着一支折断的箭，想到自己现在孤军深入敌军，不禁吓出了一身冷汗。没有了家传宝箭保护的儿子，仿佛顷刻间失去支柱的房子，意志轰然坍塌，一下子从马上摔了下来。

本来已经溃散的敌军见对方主帅坠马，又杀了回来，结果先前那一支勇猛的军队全军覆没，将军的儿子也惨死于乱军之中。

在打扫战场时，做将军的父亲看着儿子的尸体，捡起旁边那支断箭，沉重地说道："看来你还是没有学会自信，所以永远也做不成将军。"

原来，故事中一心想要建功立业的儿子，只是缺少了自信。他不知道，自己之所以能够孤军深入，所向披靡，完全是自己的气势压倒了敌人。最后，因为迷信家传宝箭的威力，终于在知道真相之后，马革裹尸。由此可见，当一个人拥有自信时，自能勇不可当；当这个人失去自信时，一切都会轰然坍塌。

一位智者在风烛残年之际，十分担心自己的学问失传，于是在心里选定了一个继承人，但是又害怕自己所选的这个人难当重任，于是他把自己的助手叫到床前说："我的蜡已经所剩不多了，为了继续给人们带来光明，得找另一根蜡接着点下去，你明白我的意思吗？"

那位助手赶忙说："明白，您的思想光辉需要很好地传承下去。"

智者微笑着点点头，接着说："但是，我要找的人，除了拥有智慧以外，最重要的是他能够相信自己，认清自己的价值，你能帮我找到这个人吗？"

助手严肃地说道："我一定竭尽全力。"

于是，那位忠诚而勤奋的助手，开始了艰难的寻找工作。一年时间里，他领来一位又一位候选人给智者过目，结果都被智者婉言拒绝了。

智者的身体一天比一天虚弱，他硬撑着坐起来，对自己的助手说："这一年真是辛苦你了，但是，最合适的人选还是没有出现。"

助手看着面有哀伤的智者，不禁流下了眼泪，恳切地说："请您放心，我一定会更加努力！就算找遍五湖四海，也要把最优秀的人找来。"

智者看着他笑笑，便不再说话了。

半年之后，智者已经病入膏肓，可是还没有选定自己的继承人。助手陪在智者床前，非常惭愧地说："我真对不起您，令您失望了！"

智者用最后的力气说道："失望的是我，但是，你对不起的却是自己。"

助手用疑惑的眼神看着智者，不解其意。

智者长叹了一口气，说道："本来，我心中选定的继承人就是你，只是你不敢相信自己，最后才走到了今天这个局面。你失去了最好的学习机会，而我也只能带着我的学问一起长眠地下。"说罢，智者永远地闭上了自己的眼睛。

而他的助手非常后悔，整个后半生都生活在自责之中。

也许那位智者的学问并没有完全失传，至少他教会了我们：只有一个人相信自己的时候，这个世界才会给他提供成功的机会。

生活中，我们经常因为自卑而错失了眼前的大好机会，就像那位将军的儿子和那位智者的助手一样。在困难面前，迷信别人无法让自己得救，所谓求佛不如求己；在机会面前，相信自己才能获得成功，有道是自助者天助。

6. 苦难只能打倒弱者

人生中，给我们留下最深刻记忆的就是苦难。弱者对苦难无法忘怀，是因为苦难将他们彻底打倒，毁了他们的一生；强者记住苦难，是因为苦难让他们学会自强不息，成就了他们的事业。所以，同一个苦难，是弱者的拦路虎，却是强者的磨刀石。

生活中，我们要想成为强者，就要放下内心的自卑情结，相信自己能够战胜苦难，用自己的努力去拼搏出幸福的生活。

从前有一个善良的老婆婆，自己一个人住在一间小房子里。一天，一个乞丐路过老婆婆的房子，向她乞讨。老婆婆没有像往常一样慷慨地施舍他，而是指着自家门前的一堆砖，对乞丐说："这堆砖放在我的门口很不方便，你帮我把这些砖搬到屋后去吧！"

乞丐听了很生气地说："你不愿施舍也就算了，何必捉弄我呢！"原来这个乞丐只有一条手臂。

老婆婆见乞丐这样说，就自己俯下身，用一只手搬了一块砖到自己的屋后，然后说："谁说一只手不能搬砖啊？我能做到，你为什么不能呢？"

独臂乞丐先是一愣，接着便开始像老婆婆那样，把砖一块一块搬到屋子后面。两小时过后，搬完最后一块砖的乞丐早已累得满头大汗，气喘吁吁了。

老婆婆走过来，微笑着递过一条毛巾和20元钱。乞丐感激地说："谢谢你！"

老婆婆却说："是我应该谢谢你，这钱是你自己凭力气挣的。"

乞丐的眼里流出了眼泪，他对老婆婆深深地鞠了一躬，说："我不会忘记你的。"

又过了几天，另外一个独臂乞丐来到老婆婆家门前乞讨。老婆婆对他说："我的屋子后面有一堆砖，放在那里很不方便，能不能帮我把那堆砖搬到门前来？"

事后，老婆婆一样递上毛巾和20元钱，并告诉那个乞丐，这是他的劳动所得。

别人都觉得老婆婆奇怪，就问她为什么要这样做。老婆婆说："其实，那堆砖放在门前和屋后都是一样的，关键是让他们知道自己也可以通过努力而养活自己，这很重要。"

十年过去了，老婆婆家里的那一堆砖从门前被搬到屋后，又从屋后被搬到门前。有一天，一个衣着体面的人来到了老婆婆的门前，这个人只有一条手臂。他对老婆婆说："我是十年前那个为您搬砖的乞丐，现在回来报答您了。"

老婆婆说自己并没做什么，也不要什么报答。独臂男子却说："如果当初不是你让我搬那一次砖的话，我不会想到自己可以自力更生，那么也就不会有现在的我和我的公司。"说罢，他坚持要把老婆婆接到城里去住，并说已经给她买好了房子。

老婆婆却说："你的心意我领了，但是我也可以靠自己的努力生活。你还是把房子送给连一只手都没有的人吧！"

由此可见，成功与失败只有一墙之隔，而这堵墙，正是我们内心的自卑。

有一个黑人女孩，从小患有小儿麻痹，所以每天坐在轮椅里。由于不像其他孩子那样有一个正常的身体和童年，她每天生活在自卑里。她拒绝跟所有人交往，唯一的例外，就是邻居家那个只有一只胳膊的老人。老人在战争中失去一只胳膊，和小女孩同病相怜。所不同的是，老人非常乐观，经常讲一些有趣的故事给女孩听。

一天，在老人的怂恿下，一老一小两个人来到了他们附近的一所幼儿园。老人用轮椅推着小女孩，他们俩同时被操场上孩子们的歌声吸引了。孩子们稚气的和声格外地打动人心，一曲终了，老人对轮椅里的女孩说："让我们一起为他们鼓掌吧！"

女孩吃惊地看着老人，问道："我的胳膊动不了，而你只有一只胳膊，我们怎么鼓掌啊？"

老人对她笑了笑，解开了衬衣扣子，露出自己的胸膛，用手掌在上面用力地拍着，顿时发出了啪啪的掌声。老人对轮椅里的女孩说："你看，只要努力，一只巴掌也可以拍响。所以，你也可以通过自己的努力站起来的！"

女孩被老人的举动感动得泪流满面，身体里涌动起一股暖流。从那之后，她开始积极配合医生的治疗，坚持每天做运动。父母不在时，她扔开支架，试着走路。

蜕变是痛苦的，这痛苦牵扯到筋骨，一直渗透到骨髓里。但是她咬牙坚持着，因为她相信自己能够像其他孩子一样行走、奔跑。

功夫不负有心人，在女孩 11 岁的时候，她终于扔掉了支架，可以像正常人一样行走。但是她没有停下自强的脚步，而是开始尝试田径运动。

1960 年，当年那个坐在轮椅里的女孩参加了罗马奥运会女子 100 米的决赛。当她以 11.18 秒的成绩第一个撞线后，看台上的观众纷纷起立，为她鼓掌喝彩，齐声喊着这个美国黑人的名字——威尔玛·鲁道夫。

那一届奥运会上，威尔玛·鲁道夫成为当时世界上跑得最快的女人，她共摘取了 3 枚金牌，也是奥运史上第一个黑人女子百米冠军。

故事中的老人，用自己的一只手臂拆掉了女孩心中的自卑之墙，所以才有了奥运史上的威尔玛·鲁道夫。一个小儿麻痹患者尚且能够通过努力成为奥运冠军，身体健康的常人又怎能够屈服在苦难之下呢？

现实中，谁也无法保证自己的人生一帆风顺。在遇到困难的时候，自己一定不要被自卑压垮，从而才能找回自己心灵深处的自信。因为困难只能通过恐吓来让我们屈服，而自信可以让我们坦然面对任何的恐吓。如果我们能够放下自卑，让自己的内心强大，那么困难也许就会变成我们成功的垫脚石。

7. 人生路上，只有自己可靠

许多人常常羡慕那些含着金钥匙出生的人，觉得他们有优越的生活和显赫的身世，而自己则是身无分文、天生平庸的丑小鸭。

孔子的观点是，尽人事而听天命。我们选择不了出身，但是我们可以选择心态。何况，命运的安排也许别具深意，又有什么可抱怨的呢？

一天，蜗牛妈妈领着小蜗牛赶路，小蜗牛忽然问妈妈："妈妈，为什么我们一直要背着这个壳走路呢，它又硬又重，背着好累呀。"

蜗牛妈妈笑着对小蜗牛说："傻孩子，这个壳是我们的家呀。我们的身体没有骨骼的支撑，又爬不快，所以要靠它保护我们呀！"

小蜗牛又问道："可是毛毛虫姐姐也没有骨头支撑身体，也爬不快，为什么她不用背这个又硬又重的壳呢？"

蜗牛妈妈耐心地说道："那是因为毛毛虫姐姐会长出翅膀，变成蝴蝶，到时候天空会保护她啊。"

小蜗牛又问道："可是蚯蚓弟弟也没骨头支撑身体，也爬不快，也不会长出翅膀，为什么他也不用背这个又硬又重的壳呢？"

蜗牛妈妈微笑着说："那是因为蚯蚓弟弟会钻土，他钻到大地里面，大地会保护他啊。"

听了妈妈的话，小蜗牛突然大哭了起来，说道："妈妈，我们好可怜啊！天空不保护我们，大地也不保护我们。"

蜗牛妈妈摸着小蜗牛的头，笑着安慰他说："傻孩子，但是我们有壳啊！我们不靠天，也不靠地，我们完全靠我们自己！"

蜗牛身体弱小，既不能靠天，又不能靠地，它只有靠自己。它所背负的厚重的壳，看起来像是负担，其实正是自己的保护伞。

清代的郑板桥也曾经教育自己的儿子："淌自己的汗，吃自己的饭，自己的事情自己干，靠天，靠地，靠祖宗，不算是好汉。"是啊，什么都不能依靠的时候，至少还可以依靠自己。

在一个偏远的小镇上流传着一个神奇的传说，传说小镇附近的山里有一眼神奇无比的山泉，它可以医治世间的所有疾病，解答人们的一切难题。

一天，这个小镇上来了一个少年，他向镇上的每一个人打听泉水的事情。而镇上的人们都同情地望着他，因为他只有一条腿。

一个老人在少年的背后低声说道："可怜的孩子，难道他想让泉水再给他变出一条腿来吗？"

少年听见了老者的话，回头对老人说道："我并不是想让泉水给我一条新腿，而是希望泉水能够告诉我，一条腿怎样生活。"

说完，少年继续着自己的寻找之旅，他用自己仅有的一条腿向大山深处走去。

一路上，少年从没放弃过希望，他渴了就喝山边的溪水，热了躲到大树底下乘凉。有时候听到山里樵夫的山歌，他也会高声地与他们对唱。不管走到哪里，少年总是唱着快乐的山歌。他所经过的每一个地方，人们都被他的乐观与自信感染着。有时，人们把他请进茶棚，听他讲故事，唱小曲。少年从来没有为自己只有一条腿而自卑过，他觉得只要通过自己的努力，就一定能找到那眼神奇的山泉。

当少年听到别人的赞扬时，他的内心更加自信了，腰板挺得比别人都直，别人的嘲笑也不放在心上。他用自己的乐观感染着那些比自己更无助的人，激励他们向前看。一想到自己改变了那么多人对人生的态度，少年的心里就有一种快乐的成就感，他享受着自己艰辛的旅程。

有一天，少年在大山的深处，碰到了一个老人。少年见老人独自坐在石头上，嘴巴很渴的样子。于是，他赶紧拿出自己的水给老人喝，并且问道："老人家，请问您知不知道那眼神奇的泉水在山里的什么地方？"

老人没有回答他的问题，而是微笑着反问道："小伙子，你想找泉水做什么呢？"

少年答道："我想问一下神奇的泉水，怎样才能用一条腿生活下去？"

老人听罢少年的回答，大笑着说："你现在不就是在生活着吗？而且你的生活很快乐啊！其实，世上根本就没有什么神奇的泉水，但是你

可以靠自己乐观的态度和宽广的心胸生活下去啊!"

少年仔细品味着老人的话，恍然大悟，马上唱着快乐的山歌回家了。

故事中的少年虽然没有找到传说中的山泉，但是他已经凭借自己的努力找回了生活的真谛。乐观的态度和宽广的心胸，才是我们生活下去的真正动力。

我们的身体也许比故事中的蜗牛和少年更强健，但是我们的内心可能并不如他们的坚强可靠。其实，我们自以为可以依赖的一切物质条件，都有靠不住的时候，而人生中，可以依靠的只有我们自己，我们自己坚强的内心!

如果我们想要走出自卑的阴影，那就在自己的心中下功夫吧!

 8. 活出人生的精彩

自卑的人，常常活在阴影之中，使自己的人生一片灰暗。他们看不见自己身上的闪光点，无法照亮自己的人生之路，因此也就无法活出自己人生应有的精彩。

生活中，也许我们没有美丽，但是我们可以拥有善良；也许我们没有聪明，但是我们可以拥有热情；也许我们没有财富，但是我们可以拥有快乐；也许我们没有特长，但是我们可以为别人鼓掌。生命中没有什么都不能没有自信，如果自己都无法肯定自己生命的价值，那么命运之神也只好对我们的遭遇袖手旁观了。

在路旁有一个衣衫褴褛的乞丐，与其他乞丐不同的是，他会给每一个施舍的人送上一个苹果。一名商人走过这个乞丐面前，向他的纸盒里放了一些零钱，就继续向前匆匆赶路了。

没走出多远，商人转身回到了乞丐的面前，拿起了一个苹果，并微笑着对乞丐说："对不起，我刚才忘了拿苹果，毕竟你我都是商人。"

数年后，这名商人在一次慈善晚会上遇到了多年前的乞丐，他已经是一位衣冠楚楚的慈善家了。他主动走上前来，向商人敬酒，并说道："也许您已经完全不记得我这个当年的乞丐了，但是我却无法忘记您对我的帮助。我的生活之所以能有这样大的改变，完全是因为您当年的那句话，您当年对我说，毕竟你我都是商人。"

可见，这个世界上没有永远的乞丐，也没有天生的商人，而是完全取决于我们怎样看待自己的人生。这就是所谓的相由心生，境随心转。

艾莉洛出身于名门，受过良好的教育，长得也很美丽。但是她总觉得自己毫无长处，因为在她的家里美女如云，她的母亲、姊姊都是社交名媛。所以艾莉洛总是生活在她们的光环之下，整日郁郁寡欢，充满自卑。

在一次圣诞舞会上，艾莉洛像往常一样坐在角落里，看着舞池中一对对金童玉女翩翩起舞。这时，忽然有一位风度翩翩的青年走上前来，深鞠一躬，对她说："能请你跳支舞吗？"

艾莉洛受宠若惊，当她与青年跳过一支舞后，邀请她共舞的人络绎不绝。原来，第一位邀她共舞的青年就是美国政坛知名的人物富兰克林·德拉诺·罗斯福，也就是后来的美国总统。而艾莉洛则成了罗斯福总统的夫人，在很多社交场合中充满自信，光彩照人。

事实上，艾莉洛在嫁给罗斯福总统前后的容貌、装扮几乎没什么变化，她的人生之所以由黯淡无光变得光彩夺目，完全是由于她找回了自信。我们可以说，一个人脸上的自信，才是人身上最引人注目的饰品。

生活中，我们的自卑与自信往往只在一念之间，改变这一念，我们便可以改变自己的整个人生。当我们自我怀疑的时候，不妨深挖一下自己的价值，进而从积极的方面肯定自己，让自己的人生焕发出应有的光彩。

 ## 9. 认清自己的价值才能成功

世界上有许多人，常常在别人的意见中生活。当他们走到人生尽头的时候，回想起一生最遗憾的事，恐怕就是没有做真正的自己了。

做自己，才能活出人生的精彩。但是在做自己之前，先要能够正确衡量自己的价值，这样才能不为世间的观念所左右。如果无法认清自己的价值，盲目地按照别人的看法而生活，最后恐怕只会留下一堆遗憾。

从前，有一个小男孩，每天生活在自卑里。因为他从小就被父母抛弃，在孤儿院里长大，所以他总是觉得自己是一个多余的人。

一天，他忧伤地问院长："院长先生，像我这样没人要的孩子，是不是一文不值啊？"

院长没有回答他的问题，而是交给男孩一颗石头，对他说："在回答你的问题之前，我想请你帮我做一件事情。明天早上，请你拿这颗石头到菜市场去卖，只有一个条件，就是别人可以随意出价，但是无论他们出多少钱，你都不要把这颗石头卖掉。"

第二天，男孩按照院长的吩咐，蹲在菜市场的角落，叫卖着那颗石头。人们都觉得这个孩子一定是疯了，石头怎么会有价值呢。于是，直到天黑，也没有人出价。男孩很沮丧地回到了院长那里，对院长说："根本就没有人愿意买这颗石头，它根本一文不值。"

院长听着男孩的抱怨，只是笑了笑，说："那么，还得麻烦你明天拿这颗石头到珠宝市场去卖，还是原来的条件。"

男孩无奈，只好拿着昨天的石头到了珠宝市场。出乎意料的是，他刚一拿出石头，就被那些珠宝商们围住了，他们都愿意出很高的价钱买这颗石头，其中一个人竟然出到 100 个金币。男孩几乎要忍不住成交了，但是他没有忘记院长的话，晚上把石头拿了回来，并且欣喜若狂地对院长说："院长，这一定是一块宝石，因为那些珠宝商人们愿意出100个金币买它。"

院长听了男孩的话，笑笑说："这的确是一块宝石，在石头的表面之下，藏着我们用肉眼看不到的价值。但是，我们的游戏还没有结束，明天，请你把这颗石头拿给我的一个朋友看，他会告诉你这颗石头真正的价值。"

男孩对院长的话半信半疑。第二天，他跟随着一个老仆人，来到了博物馆长的家里，献上了那颗石头。博物馆长的眼里露出了无比激动的光芒，非常热情地款待了这个男孩。当男孩问起他这颗石头的价值时，博物馆长说："这颗石头的价值根本无法用金钱来衡量，因为它是这个地球上绝无仅有的一颗陨石，它代表了宇宙的文明和历史。"

男孩对博物馆长的话似懂非懂，晚上又回到了院长的身边，向院长汇报了自己白天的经历。院长对他说道："现在我可以回答你之前的问题了，作为这个世界上绝无仅有的一个孩子，你的价值完全取决于你自己。"

男孩听懂了院长的话，再也没有自卑过。

同样的一颗石头，或者一文不值，或者值100个金币，或者是无价之宝，这完全取决于这颗石头所在的环境。同一个人，或者一无是处，或者小有作为，或者前途不可限量，这完全取决于我们自己怎样看待自己的价值。只有我们坚信自己有价值时，我们才能通过努力，让自己的人生出彩。

意大利著名影星索菲娅·罗兰，一生拍过六十多部影片，曾获得1961年的奥斯卡最佳女演员奖。

但是她的从影生涯并非一帆风顺。当她16岁来到罗马开始她的演艺之路时，总是有许多刺耳的声音：要么说她个子太高，要么说她臀部太宽，要么说她鼻子太长，要么说她嘴太大，总之就是不像一个意大利

式的女演员。

后来，制片商卡洛看中了索菲娅，并对她说，如果你真想干这一行，就得把鼻子和臀部"动一动"。索菲娅完全明白自己的价值，自信地说："我为什么非要长得和别人一样呢？我知道，鼻子是脸庞的中心，它赋予脸庞以性格，我就喜欢我的鼻子和脸保持它的原状。至于我的臀部，那是我的一部分，我只想保持我现在的样子。"

后来，索菲娅决心不靠外貌而是靠自己内在的气质和精湛的演技来赢得观众，当她成名之后，当年的那些"缺点"，反倒成了美女的标准，索菲娅也被评为20世纪"最美丽的女性"之一。

索菲娅·罗兰之所以能有今天的成就，除了努力和机遇，最重要的还是她能够认清自己的价值，没有盲目地听从别人的意见，而是坚持着自己的个性，最后，走出了一条属于自己的演艺之路。

生活中，我们也经常听到各种各样的意见。在虚心接受之前，最好先弄明白哪些意见是对我们有益的，哪些意见是对我们有害的。只有我们完全认清自己的价值的时候，我们才知道别人的意见是否应该接受，以及应该怎样接受。而此时，我们再也不会为身边的言论所左右，因为我们知道，无论别人怎么说，我们都是这个世界上独一无二的一个生命，我们的人生必将因唯一而精彩。

10. 别让他人偷走了你的梦想

人生因为梦想而精彩，梦想因为坚持而实现。当我们对这个世界说出我们的梦想时，有时也许会听到嘲笑和反对的声音，如果我们此时放弃，那就只会让自己永远活在平庸里了。

所有的梦想，在一开始的时候，都只存在于脑海中，我们不能因为

182

别人看不见而自己放弃努力。只有坚持不断地浇灌，我们的梦想才会有开花结果的一天。

一次作文课上，老师要求学生们以"我的理想"为题，写一篇作文。一个学生听了老师的题目之后，飞快地在他的本子上写道：我的梦想是拥有一座广阔的庄园，庄园里种满了世界各地的珍奇植物，树下绿草如茵。草地上是一座座别致的小屋，里面的娱乐设施一应俱全，是给客人们的休闲旅馆。我要邀请全国各地的游客前来参观，与他们一起分享自己的庄园。

当老师看了这个学生的作文之后，给他批了一个不及格，同时要求他重写。学生拿着自己的作文，满怀委屈地去请教老师，自己有什么地方不对。

老师对他说："我要你们写作文的目的，是为了帮你们规划自己的未来。可是你写的理想，毫无实际可言，简直就是白日做梦。如果你能够回去换一个切合实际的梦想，我可以给你一个合理的分数。"

学生拒绝改变自己的梦想，对老师说："老师，这篇作文所写的，就是我的梦想！"

老师摇头说道："如果你不重写，我只能给你一个不及格的分数，你要想清楚。"

学生仍然不肯妥协，坚定地说："我很清楚，这就是我的梦想。"

30年后，这位老师带着自己的学生到一处度假胜地旅行，他们在当地的一个庄园里尽情地享受着如茵的绿草，欣赏着珍奇的植物。一个中年人向他走来，告诉他们，晚上可以住在这里，那些精致的公寓都是免费对游人开放的休闲旅馆。

老师盯着这个中年人，似乎想起了什么。于是中年人告诉这位老师，自己正是当年那个作文不及格的学生。如今，他已是这片度假庄园的主人。

老师望着这位当年的学生，不禁泪流满面，感叹道："几十年来我

不知改掉了多少学生的梦想。而你，是唯一坚持了自己的梦想，没有被我改掉的一个。"

从这个故事中，我们可以知道，只有懂得坚持的人，才能最终实现自己的梦想。不论我们的梦想在别人眼里是多么可笑，如果真是认准了的，我们就要好好保有它，默默守护它，这样才不至于让别人随便改掉。

有一位画家，经过十年的努力终于创作出了一幅自己满意的作品。他觉得自己的这幅画已经近乎完美，于是就做了一张复制品，摆在广场上展览。他对广场上的人群说："如果谁认为我的画哪里是败笔，尽可以用笔在上面圈出来。"结果让这位画家大吃一惊，整幅画上都被人们做满了记号。

这位画家十分气馁，他觉得自己十年的努力全都白费了，于是打算将自己的作品毁掉。这时，一位朋友来安慰他，并给他出了一个新的主意。

第二天，这位画家又做了一张原画的复制品，依然摆在昨天的广场上，并对过往的人群说道："如果谁认为我的画哪里画得精妙，请用笔圈出来。"等到了晚上的时候，整幅画上又被人们做满了记号。

于是画家终于又找回了自信，将自己的画好好地收藏了起来。

同样的一幅画，别人以为是败笔的地方，也许正是这幅画的精妙之处。因为无论我们做什么，都会有一部分人反对，一部分人赞成。尤其是我们在追逐自己梦想的道路上，反对与嘲笑的声音将会格外地多。

因为梦想只是属于少数人的，当我们为了自己的梦想而坚持的时候，一定会有人用他们平庸的想法来反对，提出各种各样的质疑。也就是说，只有坚定的人，才能最终实现自己的梦想。所以，要实现自己的梦想，先要能够经得起别人的打击。连一点打击都承受不住的人，一切都免谈了。

184

第九章

放下欲望，解放心灵

　　生活，就像一杯水，平平淡淡，没有滋味。幸福，就像一杯茶，清香隐隐，先苦后甘。欲望，就像一杯酒，浓烈醉人，烧胃穿肠。所以，追求欲望的人，往往明知道欲望伤身，却仍然抗拒不了欲望的诱惑，最终飞蛾扑火，在欲望中燃烧了自己的生命。想要获得幸福的人，就要学会品味幸福的平淡与清香，懂得包涵人生的先苦后甘，才能尝到生活的苦尽甘来。真正懂得生活的人，会感恩自己人生中遇到的一切，不论顺境逆境、富贵贫穷，它们共同组成了我们丰富多彩的人生。

 1. 倒空心灵，人生才能轻松

普通人的一生，只有两个时候最轻松：一是出生时，赤条条而来，带着一颗空空的内心；一是死亡时，把内心里的东西倒得干干净净，然后赤条条而去。懂得放下的人，时时都感到轻松，因为他们懂得将自己的心灵倒空，不给自己的人生增加不必要的负担。

从前有一个人觉得生活很沉重，时时胸闷气短。在百般无奈之下，他找到了一位智者，寻求解脱之法。

智者得知了他的来意后，微笑着说，这个问题好解决。并且给了他一个篓子，让他背在身上，指着一条石子路说："我们一起去那条路上散散步，你每走一步路就捡一块石头放进去。"

这个人不知道智者是什么用意，只得照做。没走一会儿，这个人就走不动了，满头大汗，对智者说自己觉得很沉重，再也走不下去了。

智者笑着说："我们在这条路上散步，就好比在经历着人生。你之所以感觉生活越来越沉重，就是因为不断地捡东西放在心里，最后就寸步难行了。"

这个人马上明白了，连忙问："那么，我要怎样做才能让自己轻松呢？"

智者说："这个说难也难，说简单也简单。你愿意把工作、爱情、家庭、友谊、金钱、地位、名声哪一样拿出来扔掉呢？"

那个人一言不发，静静地想了很久，之后快乐地下山去了。

人生的路上不要走得太快，时不时停下来，整理一下自己的心灵。内心里，有些东西是应该扔掉的，有些东西不需要随时带在身边。因为人生的旅程中，赶路固然重要，但是也不能忽略了沿途的风景。

生活中，我们总是有太多的欲望，以为拥有的东西越多，就会越快乐。却不知道，一切的忧郁、无奈、困惑、伤心、无聊，都只是因为自己为物所迷，找不到自己的内心。

美国的成功学之父卡耐基曾经说过："我们在生活中获得的快乐，并不在于我们身处何方，也不在于我们拥有什么，更不在于我们是怎样的一个人，而只在于我们的心灵所达到的境界。"由此可见，一个人只有学会放下自己的欲望，倒空自己的内心，才能找到幸福的人生，因为平平淡淡才是生活的真谛。

2. 当心"欲望"的陷阱

生活中的一切苦难，都源于自己的欲望，别人没办法搭救我们脱离苦海，只有自己学会放下才能得到解脱。

在充满物欲和诱惑的世界里，放下无疑是一剂济世救人的良方。因为，学会放下，才能品味隐隐飘香的清茶；学会放下，才能体会徐徐而来的清风；学会放下，才能看见山间朗朗的明月；学会放下，才能闻到林间芬芳的野花。对于那些不能放下欲望的人，人生将陷在苦难的沼泽里，永远无法脱身。

一尊泥像立在路边，一年四季，历经风吹雨打。慢慢地，这尊泥像得了天地间的灵性，懂得思考起来，觉得做人很好，可以躲雨避风，每天无忧无虑，可是他凭借自己的努力，怎么也无法修成人身。

这天刚好菩萨从此地路过，泥像就求菩萨："大慈大悲的菩萨呀，请让我变成个人吧！"

菩萨看了看泥像，笑了笑，手臂一挥，泥像得偿所愿，变成了一个青年。才得人身的泥像欢喜得上蹿下跳，菩萨却说道："你要想变成真

正的人，还得跟我去走一走人生之路，你能承受得了人生路上的痛苦，才能成为真正的人。"

于是，青年跟随菩萨来到一个悬崖边，在悬崖的对面是另一面悬崖。菩萨告诉他，脚下的悬崖为"生"，对面的悬崖为"死"，中间一条长长的铁索桥就是人生之路。

青年看见那铁索桥由大小不一的一些铁环串联而成，不知其中玄奥，正犹豫间，只听菩萨说道："现在请你从此岸走到彼岸去吧。"

青年上了铁索桥，战战兢兢，踩着铁环的边缘前行，一不小心，跌进了一个铁环之中。他只觉得自己两腿失去了支撑，胸口被卡得透不过气来。

"大慈大悲的菩萨，快救命呀！"青年挥动双臂，大声呼救。

"人生的路上，你不自救，我也救不了你。"菩萨在上面微笑着说。

青年拼死挣扎，终于从铁环中挣脱出来，对着菩萨问道："这是什么链环，卡得我如此痛苦？"

"恭喜你解脱了名利之环，请继续踏上你的人生之路吧。"菩萨说道。

青年继续前行，忽然，前面出现一个绝色美女，朝青年嫣然一笑。青年不觉脚下一滑，又跌入一个铁环之中。

"救命呀！慈悲的菩萨，快救命！"青年恐慌地呼救。

菩萨再次在上方出现，微笑着说道："在这条路上没有人会救你，你只能自救。"

青年拼尽全力，总算挣扎了出来，不解地问道："刚才这个是什么环？"

"是美色之环。"菩萨回答。

休息过后，青年心中充满勇气，他为自己能从铁环中挣扎出来而庆幸。可是在接下来的路上，青年经历了各种坎坷。贪欲之环、妒忌之环、仇恨之环……

188

青年被前面的铁环吓得不敢再走半步，大声哀求道："慈悲的菩萨，我不想再走人生之路了，你还是带我回到原来的地方吧！"

菩萨再次出现了在青年面前，手臂一挥，青年便又回到了路边。

"人生虽然痛苦，但也有战胜困难的办法，你真的愿意放弃修行的机会，放弃整个人生吗？"菩萨问道。

"人生之路的痛苦我是无法解脱的，还是让我变回我自己原来的样子吧。"青年毫不犹豫。

菩萨长袖一挥，青年又变回了一尊泥像。不久，天降暴雨，泥像被淋成一堆烂泥。

我们又何尝不像那个变成了青年的泥像一样，被人生路上的陷阱圈住了一次又一次。

面对充满诱惑的生活，我们需要学会放下。因为只有放下欲望，才能享受平淡的人生。放下名利，可以回归平淡；放下美色，可以享受安静；放下贪欲，可以获得自由；放下嫉妒，可以解脱内心；放下仇恨，可以包容他人。内心将种种欲望放下，才能在人生路上，遇到更加美好的自己。

 ## 3. 平淡中隐有百味

品味生活，就像慢饮一碗清茶，平淡中有千万滋味。追名逐利的人，觉得茶太淡，无法品味；尔虞我诈的人，没时间思考，无法品味；不择手段的人，身心太疲惫，无法品味。只有经历过世间的风雨，铅华褪尽的人，才明白茶中的滋味。若不能放下心里的欲望，笑看人生风雨，那么纵有荣华富贵，终究化作一团过眼云烟。

从指间流走的岁月，埋葬了青春飞扬、豪情神韵；在脸上留下的皱

纹，抚平了恩恩怨怨、是是非非。一生到头，只有淡泊不变；百年之后，唯留下平淡二字。

卧薪尝胆的越王勾践，之所以能够成功复国，完全得力于两位大臣，一个是文种，一个就是范蠡。

当勾践灭掉吴国，成为诸侯霸主时，范蠡没有被高官厚禄打动，也没有提勾践当年共治江山的诺言，而是选择了激流勇退。

勾践对此很不解，问他："你与我一起卧薪尝胆，不就是为了这一天吗？现在你功高位尊，正是享受荣华富贵的时候，为什么要放弃呢？"

范蠡没有说出具体的原因，而是用道理回答说："盛名之下，其实难负。人不知止，其祸必生。"

于是，范蠡带着家人从海上来到了齐国，在山东定居。并且改名换姓，自称鸱夷子皮。之后，他又写信给自己的老朋友文种，劝他说："飞鸟尽，良弓藏。狡兔死，走狗烹。越王可以共患难，却不能够同富贵，你为什么还不趁早离开呢？"文种接到范蠡的信，没有当作什么要紧的事情，反而觉得范蠡太多心了，后来果然为越王所忌惮，找个罪名把他杀掉了。临死之前，文种很懊悔，说自己之所以有今天的下场，都是没有听从范蠡的劝告所致。

范蠡在齐国经商，很快积累了大量财富，成了天下首富。齐王听说了他的才能，决定请他做齐国的宰相。对于如此的荣誉，范蠡反而忧心忡忡，他对家人说："治家能积累千金的财富，居官能做到宰相的职位，这已经是一个普通人所能达到的最高位置了，到了这个地步，如果不想着放下、后退的话，凶险马上就要降临的。"于是他退回相印，决定散尽家财，远走他乡。

家人再一次觉得莫名其妙，纷纷表示，不做官可以理解，但是家里的财产来之不易，何必白白送人。范蠡说："官高招怨，财多招忌，这些世人所向往的，却是惹祸的根苗。人贫我富，若只取不予，就是为富

190

不仁。况且钱财再多也没有用，不如放弃。"

就这样，范蠡把家里的财产都分给了乡亲和朋友，带着家人搬到陶邑，改名陶朱公，过起了隐居生活。没多久，范蠡又以经商致富，并且又一次散尽家财，周济贫困的乡党故旧。

范蠡的一生三聚天下之财，三散之。他说："经商不过是一种乐趣，求取金钱不该贪得无厌。获得财富的秘诀，就是不要过分看重财富，如此才能得到，这个道理是那些守财的人无法理解的。"后世尊称范蠡为"商祖""商圣"，的确当之无愧。

清代诗人徐公修做过一首题名《范蠡》的七律，诗中写道："两国甘心抛相印，五湖浪迹泛扁舟。铸金故主空摹象，凤举鸿冥不可留。"

在权力面前，需要保持清醒的头脑，才能进退自如。在财富面前，需要保持淡泊的身心，才能全身而退。该放下的时候，能够放下第一等的荣华富贵，范蠡的智慧，在今天格外让我们警醒。

4. 有"舍"才能有"得"

被欲望占据的内心，什么也舍不得放下。什么也不肯放下的人，必然一无所获。人生中的所有难题，不过是一场舍与得的游戏。舍弃小利，得到财富；舍弃自私，得到真爱；舍弃烦躁，得到宁静；舍弃欲望，得到安心。

曾经有一个擅长绘画的和尚，出家后常常在禅院的石桌上作画。他尤其喜欢画天上的龙与地上的虎，龙在云端盘旋将下，虎踞山头作势欲扑。引得围观的人不住赞叹，龙争虎斗，好不威风。但总是觉得气势有余而动感不足，几番修改，还是不满意。

这时，无德禅师从外面回来，见到作画的和尚执笔不定，其他人围

在旁边指指点点，于是也就走上前去观看。众人看到无德禅师前来，于是就请禅师点评。

禅师看后说道："你所画的龙、虎外形十分逼真，只是气势不够传神。龙在攻击之前，头必向后退缩；虎要向前扑时，头必向下压低。龙头向后曲度越大，也就能冲得越快；虎头靠近地面越近，也就能跳得越高。"

众人听后都非常佩服禅师的见解，尤其作画的和尚，连连说道："老师真是慧眼独具，我把龙头画得太靠前，虎头画得太高，所以没有领会到其中的精髓。"

无德禅师见他悟性不错，又进一步说道："为人处世，也是同样的道理。退却一步，才能走得更远；放下一些，才会得到更多。"

一个不明其意的小和尚开口问道："老师，道理固然如此，可是退步的人怎么可能向前，放下怎么可能得到呢？"

无德禅师随口吟道："手把青秧插满田，低头便见水中天；身心清净方为道，退步原来是向前。"

众人听后点头似有所悟。

凡事没有付出，也就没有回报。想要更大的回报，需要更多的付出。"将欲歙之，必故张之；将欲弱之，必故强之；将欲废之，必故兴之；将欲取之，必故与之。"这是老子《道德经》中的智慧。一个人懂得了舍与得的关系，既能在万丈悬崖上挥毫泼墨，又能在幽静的山谷中浅吟低唱。舍得之间，毫无挂碍。

要想喝到香醇的美酒，就要放下手中苦涩的咖啡；要想体会美好的自然，就要离开喧嚣的都市。放下，是为了包容与进步；放不下，是因为执着与私欲。放下的欲望越多，就能得到越多的平淡与美好。

5. 知足者常乐

每个人都在人生的旅途中追求快乐和幸福，他们时而想要至高无上的权力，时而想要无穷无尽的财富。但是，当他们到达旅途的终点时，往往已是身心俱疲，得到的快乐和幸福少得可怜。

生活中，我们一方面希望自己的生活能够快乐、幸福，另一方面又总是被各种各样的欲望折磨得疲劳、苦恼。其实，真正的快乐和幸福，与我们手中的权力、金钱无关，而是在于我们能够懂得知足。

一次，一个年轻人去乡下拜访自己儿时的老师，看见自己的老师正在山谷里挑水。年轻人赶紧上前接过老师的扁担，师生二人一边走一边聊天。年轻人不停地向老师诉苦，将自己在城里的不如意一一向老师倾诉。老师只是在一旁默默地听着，没有说什么。

为了不让气氛过于尴尬，年轻人只好转移话题，问老师："老师，您为什么不把水桶装满水再挑呢？这样一次只挑回半桶水，多费劲啊！"

老师说道："正好你来了，不如你帮我把水接着挑满吧。"

年轻人很高兴地答应了，来到山谷里将两个水桶灌得满满的，挑着往回走。由于身上的担子太重，再加上山路崎岖，年轻人一路摇摇晃晃，水洒了一路。快到家时，两个水桶里的水都已经洒出了大半，年轻人又一不小心跌了一跤，结果摔破了自己的膝盖和水桶。他只好一瘸一拐地拿着两只破水桶回到老师的家里，垂头丧气地准备挨骂。

谁知，老师看到他的样子不但没有责怪他，反而安慰他，并笑着说："你现在知道我为什么每次只挑半桶水了吧？挑水的道理不在于贪多，而在于知足啊。"

年轻人诚恳地点头，并且问道："那么请问老师，挑多少算是知足呢?"

老师将一只破桶拿给自己的学生看，指着桶内的一条线说道："这就是底线，在这条线以下的事，我们要尽力而为；在这条线以上的事，我们要量力而行。"

从故事中老师的底线，我们可以明白，知足常乐不是放弃努力，而是量力而行。对于自己力所能及的事情尽力而为，才能在享受幸福的时候心安理得。

生活中，我们之所以无法知足，是因为我们不懂得人生的旅途中真正重要的是什么，忙于满足自己的种种欲望，结果却忽略了内心最原始的快乐。

生活中，我们是否经常忽略了快乐的真正来源，盲目地追求各种自己并不需要的东西，忘了自己只是人生旅途上的一个过客。尽管人生的旅途中有各种各样的风景，但是我们要知道自己的底线，学会知足常乐。其实，人生最美的风景，就是内心的平淡与祥和。

6. 不思"八九"，常想"一二"

人生就像一场马拉松，每个人都全力地向终点奔跑着，头也不回。但是，永远不知足地向前追赶，是不是过于疲累了自己的身心？把人生完全花费在追求的路上，难免会错过了脚下的幸福。

生活中，我们不断追求着更多的财富、更大的权力、更好的生活。但是，有没有想过，其实眼下的环境已经足够富足。有人说：人生十事九堪叹，但是，这说明人生中至少还有一两件事，值得我们用心去感恩、去庆幸、去珍惜，又何必每天放不下自己的欲望和烦恼呢?

于右任先生书法了得，被称为"当代草圣"。

后来有记者采访于右任先生，问他为人处世的秘诀，于老指着自家客厅中的一副对联，笑而不语。那副对联写着：不思八九，常想一二。还有一个横批，上面是"如意"二字。

于右任先生的对联道出了人生幸福的真谛：无法满足的欲望，总是多数；觉得满意的事情，总是有限。要想在苦多乐少的人生中获得幸福，那么必须学会放下自己的欲望，把注意力集中在自己的所得上面，如此才能事事如意。

从前有一个国王，他对自己的生活并不满意，每天郁郁寡欢。为了获得生活的快乐，他就派手下的人去找一个快乐的人，并让手下把这个人带回来，自己好向他请教快乐的秘诀。

很多年过去了，国王手下的人找遍了全国，也没找到一个快乐的人。于是国王向自己的手下命令道："如果今天太阳落山之前，你们还没有找到一个快乐的人回来，我就砍掉你们的脑袋。"

手下们没有办法，只好再出去碰碰运气。当一个手下走进全国最穷的山区时，听到了一阵快乐的歌声。循着歌声，他找到了一位正在田间犁地的老人。手下人连忙走上前去，问老人："请问，你觉得自己快乐吗？"

老人一边犁地，一边回答道："我每一天都快乐极了。"

于是国王的手下如获至宝，连忙领着老人面见国王。国王听说自己的手下带回了一个快乐的人，马上出来接见，当他看到下面站着一个赤着脚的农民之后，不觉有些失望，很冷淡地问道："你觉得自己快乐吗？"

老人幸福地说："是的，我觉得自己是最快乐的人。"

国王对老人的回答大吃一惊，连忙问道："可是，你连一双鞋子都没有，怎么会快乐呢？"

老人不禁大笑起来，对国王说道："尊敬的国王陛下，我的确曾因没有鞋子而沮丧过，但是后来，我在街上遇见了一个人，就觉得自己无

比快乐了。"

国王马上问道："那个人教会了你快乐的秘诀吗？那秘诀是什么？"

老人慢慢地答道："那个人并没有跟我说一句话，但是我看到了他没有双脚。"

国王的生活，一定是锦衣玉食，享不尽的荣华富贵，但是他却每天郁郁寡欢；农民的生活，自然是辛苦非常，才能勉强自给自足，但是他却没有一天不快乐。由此可见，快乐的多少与物质的寡众没有任何关系，完全取决于一个人内心能否放下多余的欲望，能否学会及时地感恩。

生活中，我们不妨歇一歇自己忙碌的脚步，放一放自己内心的欲望；低头看一看脚下的所得，抬头望一望头顶的幸福。从容的生活可以让我们放飞自己的心灵，还原自己的本性。即便遇到挫折、遭受坎坷，我们都可以从容面对。常想一二，人生无时不在快乐中；不思八九，生活时时都是幸福处。

7. 奢求越少，幸福越多

生活中，我们经常觉得空虚，是因为我们心里有太多的欲望没有得到满足。其实，填补内心空白的办法并非对生活奢求更多，而是让自己内心的欲望减少，这样，我们自然就能够在生活中得到更多的幸福。

从前，有一个天使来到人间，他的使命就是给人类带来欢乐和幸福。

一天，一个农夫在田里耕作着，汗珠不断从他的脸上滚落到地里。中午休息的时候，农夫忽然大哭起来，他的哭声引来了天使。天使问农夫："你为什么难过呢？"

农夫答道："昨天，我的牛死了，我没有办法完成我的农活了。"

天使接着问道："那么，一头牛可以让你变得快乐和幸福吗？"

农夫连连点头。于是天使变出了一头牛给农夫，农夫快乐地干着农活，唱着幸福的山歌。

又一天，一个商人在路边哭泣，他的哭声引来了天使。天使上前问道："你为什么难过呢？"

商人答道："我一个人来到这个城市经商，结果路上丢失所有的钱财，现在又累又饿，我没有办法回到家乡了。"

天使接着问道："那么，一笔路费可以让你变得快乐和幸福吗？"

商人连连点头。于是天使变出了一些金钱给商人，商人接过路费，对天使千恩万谢，一边赶路一边哼起了快乐的小曲。

又一天，天使被一个作家的哭声引到了一个宽敞的房子里。天使见这户人家什么也不缺，就问哭泣的作家："你为什么难过呢？"

作家答道："我的家里没有一件事能让我不难过的，我的妻子虽然勤劳善良，但是她长得不够漂亮，而且不懂文学，所以，我们完全没有共同话题；我的儿子虽然健康可爱，但是他太过调皮，每天打扰我写作，让我没办法集中精力；我的邻居虽然乐于助人，但是他们经常喜欢在背后议论别人，搬弄是非。总之，我的生活简直糟透了，我怎么能不难过呢？"

天使听了作家的话，只好问道："那么，怎么样才可以让你变得快乐和幸福呢？"

这次作家无话可说了，只是摇头表示自己不知道。天使苦思良久，终于想出来办法。他带走了作家身边所有的人，只留下作家自己一个人独坐家中。没有了妻子的照顾，没有了儿子的嬉戏，没有了邻居的关怀，作家不但没有快乐起来，反而比以前更加痛苦了，他比以前更加伤心地痛哭着。

天使再次出现在了作家面前，问他以前的问题。作家说，只要天使

能够还回他身边的亲人和朋友，他就可以快乐和幸福了。于是，天使实现了他的愿望，作家紧紧抱着自己的儿子，用力牵着自己的妻子，不住地向邻居们问候。他终于得到了快乐与幸福。

故事中的农夫与商人，因为想要的东西很简单，所以很容易就在天使的帮助下得到了生活的快乐与幸福。而作家却因为对生活有太多的奢求，最后直到失去了身边的一切时，他才知道，原来自己的生活已经足够幸福快乐。

生活中，我们的身边充满了各种各样的诱惑，在人类的历史进程中，我们从来没有像今天这个时代一样，拥有过如此多的资源。可是，很多人生活得并不快乐，他们自以为只要努力追求，就一定能获得更多的幸福，却从没反省过自己的人生，从不知道，其实真正的快乐一直就在自己身边，真正的幸福一直就在自己心中。只有当我们放下心中的奢求时，我们才能看清自己身边的快乐，我们内心的奢求越少，我们能够得到的幸福才会越多。

 8. 拿得起更要放得下

生活中，我们全身上下都被染成了五颜六色，渐渐失去了自己本来的样子。我们不知道自己为什么活着，我们也不再思考究竟什么才是快乐。我们每天被自己的欲望和别人的欲望驱使着，心灵也越来越疲惫和脆弱。

曾经有三个年轻人，他们希望解除人生中的痛苦，于是一起去向一位智者请教。当他们找到智者时，看见他正在院子里锄草，于是三个年轻人一起走上前去，对智者行礼，并问道："我们希望能够解除人生中的痛苦，但不论我们怎么努力，却并不觉得快乐，这是怎么回事呢？"

智者安详地看着三个年轻人，慢慢说道："其实，想要解除痛苦很简单，想快乐也并不难。但是，首先你们要知道自己是为什么而活着。"

三个年轻人互相对视，谁也没想到智者会提出这样一个问题。

过了一会儿，其中一个年轻人说："我之所以活着是因为我还没有死，而且死亡实在是太可怕了，所以我选择了继续活着。"

另一个年轻人说："我活着是为了通过努力工作过上快乐的生活。我在年轻的时候勤奋，就可以在老年之后收获。"

最后一个年轻人说："我活着是为了养家糊口，如果我死了，一家老小靠谁养活呢？"

智者听了三个人的回答，笑着说："怪不得你们活得很痛苦，你们活着时总想着死亡、衰老和负担，所以当然得不到快乐了。"

三个年轻人听了智者的话，还是没有明白，于是又问道："我们不想着这些怎么活下去呢？不活下去又怎么能得到快乐呢？"

智者笑着问道："那你们说说，有了什么才能让你们的人生快乐呢？"

一个年轻人说："有了名誉，我就能快乐。"

另一个年轻人说："有了金钱，就能过上衣食无忧的生活，我就能快乐。"

最后一个年轻人说："我的一切付出都是为了家庭，所以我觉得有了爱情，才能快乐。"

智者认真地听着他们的回答，又反问道："你们说得都有道理，但是我想问一个问题：为什么有的人有了名誉却很烦恼，有了金钱却很忧虑，有了爱情却很痛苦呢？"

面对智者的反问，三个年轻人再次沉默了。智者看着他们，接着说："一个人的欲望得到满足，并不能让他的人生获得快乐。如果想要改变生活中的痛苦，首先必须改变生活的态度。名誉要服务于大众，才

有快乐；金钱要布施于穷人，才有价值；爱情要奉献于他人，才有意义。这种生活才是真正快乐的生活。”

智者的话让我们知道，人活着并不是为了逃避死亡或满足欲望，人活着是为了享受人生的快乐，如此而已。可是，偏偏很多人却不懂得这个道理，拼命地去追逐自己的欲望，双手紧紧握着名誉、金钱、爱情，却不知道，只有我们学会放手的时候，这些东西才能给我们带来快乐。

其实，生活本身并没有重量，人之所以觉得生活沉重，是因为自己在生活中背负了太多的欲望。当我们背负名誉时，就会为四起的谣言而痛苦；当我们背负金钱时，就会为生意的盈亏而痛苦；当我们背负爱情时，就会为人心的反复而痛苦。我们有太多太多的背负，所以有太多太多的痛苦。解脱的办法就是学会放下，让名誉服务大众，让金钱救助穷人，让爱情奉献他人，我们放下了所有的欲望，也就得到了所有的快乐，内心也就获得了真正的解脱。

 ## 9. 列出人生的清单

我们常常在自己的人生中列出目标清单，却从未考虑过它们的顺序。在众多的人生目标中，我们常常将事业、金钱、名誉、权力等放在第一位，却忽略了这一切的基础，是我们身体的健康。

一个家庭的女主人，看见自己的家门口坐着三位老者。他们每个人都胡子花白，精神矍铄。女主人觉得他们可能是过路的老人，走累了在自己家门口休息，就对他们说："三位老先生，虽然我们并不认识，但既然到了我家，就请进来吃些东西吧。"

三位老者看了看女主人，一齐问道："这家的男主人在家吗？"

女主人回答说："他因为有事，所以出去了，晚上会回来。"

老者们答说："既然这样，我们现在还不能进去，要等男主人回来再作商量。"

女主人觉得这几位老人很奇怪，也没有多问，等着自己的丈夫回来。傍晚时分，男主人工作归来，女主人跟他说了白天的事，男主人听后，说道："现在我回来了，快去请他们进来坐吧。"

女主人连忙来到三位老者面前，请他们进屋。不料他们又说："我们不能一起进你们家的屋子。"

看见女主人一脸的不解，其中一位老者指着身旁的两位解释道："这位的名字是财富，那位叫成功，而我是健康。现在，请你回去和你丈夫讨论一下，看你们愿意我们当中的哪一个进去。"

女主人告诉了丈夫外面的情况，丈夫思考了一下，说："让财富进来吧，这样我们就再也不用为生活发愁了。"

妻子却说："依我看，还是请成功进来更妙，这样我们不但不用为生活发愁，而且可以过上舒适的日子。"

这时，一直在一旁玩耍的女儿说道："爸爸、妈妈的主意都不好，我要请健康爷爷进来，这样我们一家人就可以永远健康地生活在一起了！"

丈夫和妻子相视一笑，说："就听女儿的吧。"

于是，女主人又来到自己家门前，对三位老者说："我们决定请健康进来做客。"

于是叫健康的老者起身向屋里走去，而另外两位老者也站起身来，紧随其后。妻子大惑不解，问道："三位不是不肯一起进来的吗？"

财富和成功两位老者笑着说："我们虽然不能同时进屋，但是健康走到什么地方我们就会陪他到什么地方，因为我们根本离不开他。"

故事中的女儿提醒了自己的父母，让他们明白，财富和成功不过是健康的附属品。没有健康，只把财富或是成功请进屋，它们很快就会匆匆离去，再也不会登门，因为它们只能长期陪伴拥有健康的人。

　　生活中，我们一定要学会分清主次，抓住人生的根本。拥有健康的人，不论眼下处境如何困难，都有机会东山再起，享受生命的可贵。失去健康的人，就算拥有整个世界，也只好遗憾离去，两手带不走任何东西。

　　里奥·罗斯顿是个胖子，他体重 385 磅，是美国最胖的好莱坞明星。

　　1936 年，里奥·罗斯顿在英国演出时心脏病突发，被送往汤普森急救中心。抢救人员动用了当地最权威的专家和世界上最先进的设备，但他最终还是因心力衰竭而离开了这个世界。临终前，里奥·罗斯顿绝望地说道："你的身躯很庞大，但你的生命只需要一颗心脏。"院长为了纪念这位名人，于是将这句话刻在了汤普森急救中心的大楼上。

　　1983 年，默尔进了汤普森急救中心。他是著名的石油大亨，经常来往奔波于欧美之间，最后由于过度劳累而病倒了。在养病期间，默尔包下了整座大楼，在楼里安了十几部电话，用于与世界各地取得联系。那时人们常说：美国的石油中心在汤普森。

　　后来，默尔的身体痊愈了，当他出院之后，卖掉了自己所有的企业，搬到乡下享受着悠闲的生活。人们对他的这一做法不能理解时，他说："罗斯顿的话提醒了我，富裕、名誉，对于生命来说都是不需要的。"

　　著名的好莱坞演员罗斯顿，用自己临终的感悟提醒了著名的石油大亨默尔。回到乡下的默尔，将时刻记住罗斯顿，因为他让默尔知道了，生命的根本不是财富和名誉，而是一个健康的身体。

　　现实生活中，很多人在自己没有住进医院之前，根本体会不到健康的重要性。他们超负荷运转着自己的身体，用健康维持着生意，直到得到了自己追求的一切，却唯独没有了健康的时候，才回过头来感叹身体的珍贵和自己的短视，可惜悔之晚矣。

　　所以，在众多的人生追求之中，最容易得到的就是健康和幸福，最容易被我们忽视的也是它们。在我们追求人生幸福的时候，不要忘记了，幸福的根源在我们的内心；当我们追求生活成功的时候，不要忘记了，成功的根本是健康的身体。

 ## 10. 给自己的人生减负

我们往往羡慕别人所拥有的生活，却从不珍惜自己所得到的幸福。其实，别人拥有的，并不一定是我们所需要的。如果一味追逐自己的欲望，只会给自己的心灵增加负担和烦恼。

生活中，我们要学会给自己的人生减负，放下不必要的虚荣，放下不必要的欲望，让自己带着自己的心灵轻松上路。因为一个人要想得到真正的幸福，就必须放下多余的欲望，放下不属于自己的一切，这样才能收获心灵的满足感。

据说，上帝刚刚创造蜈蚣的时候，是没有给它创造脚的。那时的蜈蚣像蛇一样，在地上爬行，而且爬得很快。

直到有一天，蜈蚣见好多动物都有脚，虽然有的是两只，有的是四只，但是它们跑得都比自己快。于是蜈蚣心里很不好受，它想：上帝实在是太不公平了，别的动物都有脚，我为什么一只脚也没有呢？于是，它就向上帝祈祷说："上帝啊，请让我也长出脚来吧，这样才能显示您的公平。"

上帝听到了蜈蚣的请求，就回应它说："我可以满足你的要求，我这里有很多脚，你自己来选择吧。"

蜈蚣终于可以满足自己的心愿了，它想要比所有动物更多的脚，所以，它拼命地往自己身上安装着脚，直到自己从头到尾都是脚了，蜈蚣才心满意足。

长满脚的蜈蚣高兴地欢呼起来："我成为世界上拥有最多脚的动物了！现在我要用我的脚飞速奔跑了！"说着，蜈蚣抬起了自己所有的脚，却发觉自己根本无法控制这些脚：有的脚走得快，有的脚走得慢，有的脚互相踩踏着，有的脚一动也不动。

拥有了最多脚的蜈蚣，再也无法回到自己从前的生活了。它跌跌撞撞，东倒西歪，经过了很长时间的练习，才终于学会用这些脚走路，但是速度却大不如从前。

蜈蚣因为羡慕别的动物有脚，所以给自己全身上下安满了脚，最后反而降慢了自己爬行的速度。我们内心过多的欲望，就像蜈蚣过多的脚一样，不但没用，而且会成为拖累内心的包袱。因为执着于过多的欲望，内心永远也无法得到长久的平静，人生自然也无法获得长久的快乐。今日的执着，终会造成明日的后悔。

有一位作家，虽然名利双收，却每天都觉得自己活得很累，最后，甚至无法静下心来创作。于是，他离开了城市，走进深山向一位智者求教。

作家向智者说出了自己的苦恼，他问道："为什么我拥有得越多，却越觉得无法满足自己的内心呢？为什么我越成功，却越觉得自己身心疲累呢？"

智者于是向作家问道："那么，请问你每天都在忙些什么呢？"

作家回忆起自己每天的生活，抱怨道："我每天都忙得不可开交，不是在外面应酬，就是到处去演讲，不仅要参加各种会议，还要接受媒体记者的采访。每天面对这么多的事情，我已经没时间去写作了。因为我回到家以后已经没力气动了，心也很累。"

智者微笑着听完作家的抱怨，没有回答。而是转身打开了自己身后的衣柜，对作家说："我这里有很多衣服，你把它们都穿在身上，就能知道自己为什么会这么累了。"

作家完全不理解智者的意思，疑惑地问道："您的这些衣服，我穿未必合身。而且，我已经穿着衣服了，如果再将这些衣服穿在身上，一定会很难受的。"

智者笑笑，说道："你既然明白其中的道理，又何必大老远地跑来问我呢？"

作家恍然大悟，自言自语道："我身上的衣服已经足够，再穿上不论多漂亮的衣服，也只会增加自己的负担，觉得沉重无比。我只是一个作家，本来就不该把写作之外的东西放在心上。"

从山里回来后，作家就辞去了不必要的职务，推掉了平日里不必要的应酬，每天潜心写作，灵感泉涌。而且，不论创作多么庞大的作品，再也没有感到过疲惫和烦躁，生活充满了轻松和快乐。

作家的经历告诉我们，不必要的欲望就是人生的负担，要想在生活中获得轻松快乐，必须学会给自己的心灵减负。

生活中，我们的内心里总是充斥着各种各样的欲望，却不知道欲望的危险。欲望如水，可以水上行船，也可能被海浪吞没；欲望如火，可以火旁取暖，也可能被大火烧成灰烬。所以，我们一定要明白哪些才是真正属于自己的本分，哪些只是多余的负担。对于不必要的欲望，把它们从心里放下，不要让欲望成为我们内心的负担。

11. 欲望是痛苦的根源

当我们为了追求财富而烦恼痛苦时，只有放下财富才能获得安宁快乐。不执着于形式的放下，才是真正的放下。

从前有一位智者，过着非常简朴的生活，但是他从没有要求自己的学生要像自己一样生活。对于那些富有的学生，他从没有批评过他们。

有一个学生对老师的做法感到很是奇怪，忍不住问道："老师，您

自己过着简朴的生活，却不要求所有的学生都像您一样放弃财富，这是为什么呢？"

智者笑笑，对这个学生说道："虽然这样的事情很罕见，但是，还是有人能够做到既富有又简朴。"

学生对老师的话更加不解，于是接着问道："既富有又简朴，一个人怎么可能做到这样呢？"

智者指着窗外，缓缓说道："当金钱对一个人心灵的影响，等同于那棵竹子的阴影对院子的影响时，这个人就可以做到了。"

学生顺着老师手指的方向看去，发现竹子的阴影扫过院子，却没扬起一粒尘埃。

当一个人的心中完全放下了对于财富的欲望，那么就不会时刻对财富念念不忘。因为财富在他的心中，就像竹子的阴影，不会在内心的湖水里泛起任何的涟漪。

所以，真正的放下是放下欲望本身，而不是放下表面的形式。因为，只有完全放下欲望才能够得到真正的快乐，只是放下表面的形式，还是会被无名的痛苦困扰。

曾经有一个年轻人向一位老和尚请教："请问师父，为什么生活中那些善良的人，他们努力行善，可是还会感到痛苦；而生活中的那些恶人，虽然经常作恶，却还是活得好好的呢？"

老和尚看着眼前的年轻人，充满同情与慈悲地说："如果一个人的内心存在真痛苦，那么他的心里一定有和这个痛苦相对应的欲望存在。如果一个人能够放下所有的欲望，那么他也就不会感到任何的痛苦了。善与恶不过是一个相对概念，在欲望没有放下之前，善也只是相对的小恶罢了。"

年轻人听了老和尚的话，十分不服气地说："您这么说，世界上岂不是没有善恶之分了吗？可是我一向心地很善良，怎么可能是恶人呢？"

老和尚笑笑说道："内心无欲，则人生无苦。你既然觉得人生痛苦，说明你的内心还存在着欲和恶。不如你把自己的痛苦略说出来，我给你指出你的恶藏在哪里。"

年轻人低头想了想，说道："我有很多的痛苦，收入太低、房子太小、社会太不公平。总有一些人靠着运气和手段飞黄腾达，而像我这样安分老实的读书人却生活艰辛。"

老和尚一边听着年轻人的苦恼，一边点头微笑，然后慈祥地对年轻人说："你的收入虽然不多，但是足以养家；你的房子虽然不大，但还不至于流落街头。其实，你完全没有必要为这些感到痛苦的。但是，在你的内心里，对金钱和房子有很多的欲望，这种欲望让你嫉妒那些比你更有钱、房子更大的人，这就是你内心的恶。如果你能够放下自己内心的欲望，就不会再因为这些事情而痛苦了。"

年轻人虽然觉得有道理，但还是有些不服气，就说道："我只是气愤这个社会的不公平，并没有嫉妒别人。"

老和尚笑道："依我看，你不但有嫉妒心，还有其他的心呢。你觉得自己有文化，所以瞧不起那些没有上过学的人，这就是傲慢心；你觉得自己老实本分就应该赚到钱，这是愚痴心；我刚才指出你的问题你却不服气，这就是狭隘心啊。贪求心也好，嫉妒心也罢，傲慢心、愚痴心、狭隘心，这些都是从欲望中衍生出来的。有了这些心，你就有了刚才所说的种种痛苦。如果你能将内心的欲望放下，那么你的那些痛苦也会随之烟消云散。"

年轻人沉思良久，问道："可是，我要如何才能放下欲望呢？"

老和尚点点头，笑道："你读过很多书，应该明白，一个人是否快乐，并不取决于物质上的富裕与否，而是取决于自己的心灵境界。用知足的生活态度来代替贪求心，想想那些食不果腹、居无定所的人，你就会觉得自己很快乐。用豁达的生活态度来代替嫉妒心，想想那些成功者所付出的努力，你就不会为自己的得不到而痛苦。用谦虚的生活态度来

代替傲慢心，想想那些能力在自己之上的人，看到自己认知所不足的地方，就可以谦虚处世。用理智的生活态度来代替愚痴心，看到事情背后的因果，就不会为社会的不公平而痛苦。用包容心来代替狭隘心，长想自己的不足之处，听到自己的错误就马上改正，这样就可以得到不断的提高和进步。"

年轻人听了老和尚的话，句句说中自己的痛处，马上下决心改正，从此获得了生活中的快乐。

故事中，老和尚对年轻人的教育可谓直指人心。我们也只有深刻反思自己的内心深处，才能发现自己隐藏的欲望。每一种烦恼与痛苦都对应着一种内心深处的欲望，当我们觉得痛苦来得莫名其妙时，那说明我们还有没放下的欲望藏在心里。

所以，真正地放下欲望很简单，不需要我们丢弃财富，也不需要我们放弃权力，更不需要我们离开亲人。但是，真正地放下欲望又很困难，需要我们在财富中放下对财富的欲望，需要我们在权力中把权力看轻，需要我们在亲人中不为情感所困。真正的放下是内心深处的修行，真正放下之后，就可以真正地斩断烦恼，获得人生的喜悦。

第十章

走出恐惧，迎接光明

　　恐惧，是人生路上的一丛荆棘，让我们望而生畏，不敢向前。于是，我们因为恐惧，看不见前路的风景；我们因为恐惧，看不见漫山的野花；我们因为恐惧，看不见山间的飞鸟；我们因为恐惧，看不见人生的希望。只有战胜内心的恐惧，我们才能在人生路上坦然前行。对于成功失败，我们胸怀"尽人事，听天命"的坦然；对于赞扬诋毁，我们不忘"担当身前事，不计身后名"的洒脱。其实，恐惧的荆棘，只能吓唬躲在黑暗里的弱者。我们要做披荆斩棘的勇士，迎接自己人生中的光明。

1. 勇气来自淡定与从容

一个内心装满了恐惧的人，仿佛一个易碎的玻璃杯，难以经得起敲敲打打。其实，很多人的内心都装着各式各样的恐惧：害怕自己的公司会破产，害怕找不到生命中的真爱，害怕自己得了难治的疾病，害怕别人对自己进行伤害……

然而真正阻碍我们获得幸福生活的，并不一定是我们所害怕的事情本身。公司破产还可以东山再起，单身生活也一样可以有滋有味，疾病也怕乐观的心态，他人的伤害也可能促使自己成熟……

所以，真正让我们心力交瘁的正是我们自己的恐惧心理，它不但影响我们在生活中追求自己的目标，严重时甚至会影响我们的生命。

美国的科学家曾做过一个实验，用来证明人的恐惧心理到底有多大的破坏力。实验的内容是，首先找一个被判了死刑的囚犯，然后蒙住囚犯的双眼，让他平躺在一张床上。接下来，在囚犯的脉腕上用无刃器具划一下，同时让水龙头开始滴水。进行实验的科学家告诉犯人，他所听到的滴答声是正在给他放血的声音，其实囚犯的动脉完好无损，连一条小伤口也没有。但是，几小时过后，科学家们发现犯人的心脏停止了跳动，因为他已经被自己的恐惧活活吓死了。尸检时居然真的有失血症状存在。

所以，我们所恐惧的事情，有时候并不是自己的动脉出血，而是自来水的滴答声罢了。生活的路上，难免遇到始料不及的困境，如果心生恐惧，甚至惊慌失措，最终就算没有被吓破胆，也会因为手足无措而难以过关。倒不如静下心来，将恐惧放下，想想办法，问题反而可能会得到妥善解决。

只有在遇到危机时保持冷静，才能洞悉危机背后的出路。真正的勇气不是暴虎冯河，而是能够放下自己内心的恐惧，淡定从容地面对危机与困境。

2. 学会放松，不必事事较真儿

生活中，有些人总是为了幸福拼尽全力，甚至还担心自己的力道不够。其实，幸福就像我们手里的一把沙，越是握紧，越是所剩无几；放松开来，反而能够所得甚多。

很多时候，我们的恐惧完全是我们过于紧张造成的，倒不如给自己的心灵放个长假，享受一下慢节奏的生活。等自己养足精神再上路，反而能够大步前行，事半功倍。

从前有一个猎人，他的箭法百发百中，对各种动物的习性十分了解。但是他每天都生活在对生活的恐惧之中，一会儿害怕自己得病无法再打猎，一会儿害怕动物被自己猎光失去生活的来源。

直到有一天，这位出色的猎人发现村里一位老人在和几只可爱的小鸡做游戏。猎人慢慢靠上前去，想看个究竟，结果发现那位老人原来正是平时一脸严肃的村落首领。只见他一会儿和小鸡说话，一会儿又和它们唱歌，天真烂漫得就像一个不懂事的孩子。

猎人简直不敢相信自己的眼睛，实在是无法把眼前的这个老人跟平日里那个生活严谨、不苟言笑的村落首领联系在一起。带着疑问的猎人来到首领面前问道："尊敬的首领，您为什么像个孩子一样地游戏呢？"

老人反问猎人道："你为什么不把你的弓时刻带在身边，并且把箭时刻扣在弦上呢？"

猎人回答说："时刻把弦扣紧，那么弦就会失去它的弹性，最后也就无法打猎了。"

老人便笑着说："我现在和小鸡们游戏，也是一样的原因呀。"

相信故事中的猎人听了村落首领的话，一定能够放下自己的恐惧心

理，让自己的紧张神经得以放松。

生活中，我们手边总有忙不完的事情。如果我们事无巨细地全力以赴，那么只会让自己疲于奔命，最终超越自己内心所能承受的极限，引发身体或者心理的疾病。

倒不如，在一些细枝末节上不要认真，学会糊涂。难得糊涂与不明事理截然不同，它是历经沧桑后的成熟与淡定，是大彻大悟后的宁静与从容。

师徒二人在外旅行，天色已晚，二人都觉得腹中饥饿，刚好前面有一家饭馆，师父就对徒弟说："前面有一家饭馆，你去问问他们还有没有饭菜卖。"

徒弟飞快地跑到了饭店，对店主说明了来意。

店主却说："本来我们已经关门了，但是想吃饭的话也不是没有办法。"

徒弟忙问："什么办法？"

店主说道："我写一个字，你若认识，这顿饭我请客。但是你若不认识，就别怪我们不近人情了。"

徒弟心想，自己与师父游历多年，怎么也比店主认识的字多。于是说道："店主请写来我认。"

于是店主就拿笔写了一个"真"字。

徒弟看罢满心欢喜，大笑道："店主真是热情好客，写一个这么简单的字让我来认，这不就是'认真'的'真'字吗？"

谁知店主冷笑一声道："哼！无知之徒，认错了字还自以为是，还不快滚！"说罢吩咐小二把徒弟赶了出去。

徒弟只好回到师父身边，讲了自己的经历，说那个店主真是古怪习钻。师父一面安慰徒弟，一面说："这次你带我去那家店里，保证有饭吃。"

徒弟将信将疑，带着师父来到刚才那家店里。店主与之前一样，写下一个"真"字让师父来认。

师父说："这个字是'直八'！"

店主听后笑道："大师果然高明，快请上座。"就这样，师徒二人没出一分钱，饱餐了一顿。

第二天，徒弟越想越不明白，就问师父道："师父，那店主写的明明是个'真'字，怎么你认成了'直八'反倒有饭吃呢？"

师父微笑道："有些时候，事情认不得真啊。"

故事中的徒弟，因为认真，被店主赶出门外。而他的师父却因为懂得"有些事情认不得真"的道理，才能够让师徒二人饱餐一顿。

现实生活也是一样，我们每天的生活压力不断增长，工作节奏不断加快，心灵难免会超负荷运转。一系列的职业疾病、心理恐惧、精神压力也随之而生。

如果我们想要放下生活的压力，克服自己内心的恐惧，那么，就要学会给自己的精神放松。正如郑板桥所说："聪明难，糊涂尤难，由聪明而转入糊涂更难。"足见一个道理：水至清则无鱼，人至察则无徒。

3. 有生有死的人生是自然的

大自然在一年之中，有春夏秋冬；人在一生之中，有生老病死。这些都是客观的规律，没有人能逃脱，正如古罗马诗人马尔提阿斯所说："从诞生的时刻起，自然就挽着我们的手，一步步向死亡走去。"

但是，我们也没必要对死亡心生恐惧。正如庄子所说："生，寄也；死，归也。"活着不过是旅行在外，寄宿在一家旅馆里；而死亡则是离开旅馆，回到自己出发的地方而已。所以，当我们恐惧死亡的时候，正像一个不愿意回家的孩子一样滑稽可笑。

在池塘的水底，住着许多弱小的虫子。它们爬行在泥泞的湖底，不见天日，以水草为食。

慢慢地，这些虫子开始恐惧起来了，因为每天都有一些同伴消失不

见，有的虫子认为它们去了另一个世界，有的虫子认为它们被一股神奇的力量带走了。但是，所有的虫子都不知道确切的答案，于是大家对自己有一天也会消失的恐惧变得越来越大。

为了弄清楚事情的真相，彻底消除笼罩在大家心头的恐惧，住在池塘水底的虫子们聚在一起，商量了一个对策：如果再有任何一只虫子离开了这个湖底，不论自己去了哪里，都一定要回来告诉大家，另一个世界到底是什么样的情景。

就在所有的虫子都承诺自己会回来后，一只虫子开始感觉到了自己体内的变化。它变得烦躁起来，觉得自己无法再生活在池塘的水底了，一股神奇的力量驱使着它，不由自主地顺着一根水草向湖面爬去。

其他的虫子看见了，纷纷为它送行，并一再叮嘱，一定要回来告诉大家另一个世界的消息。

那只向上爬的虫子感到十分痛苦，眼睛看不清东西，身体像要爆炸一般。它唯一能感觉到的，就是自己的身体还在不由自主地往上爬，爬呀爬呀，离湖面越来越近，一片强光中，它昏了过去。

时间过了没多久，这只爬出湖面的虫子开始慢慢苏醒过来。当它睁开双眼时，被眼前的新世界惊呆了。这与它原来居住的湖底完全不同，这里有明媚的阳光和五光十色的花草，有晶莹的露珠和徐徐的清风。迎着徐徐吹来的清风，它兴奋地舒展着自己的身体，让它更为惊讶的事情发生了，它竟然离开了地面，自己飞了起来。这时，它才从水中的倒影里看清自己，原来自己已经完全不是水底那个弱小的爬虫了，而是一副全新的容貌，背上还有两只又细又长的翅膀。

正在变化后的虫子惊讶于另一个世界的美好时，它忽然想起了自己湖底的同伴，于是它决定立刻回去，告诉它们大家的恐惧是多么可笑，另一个世界是多么美好。

可是，当它朝水面飞去的时候，却被狠狠地弹了回来。它没有放弃，一次又一次地尝试着回到水底，一次又一次地被弹离水面，直到精疲力竭之后，它才终于明白，自己已经属于这个崭新的世界，永远无法回到湖底了。

留在湖底的虫子们看着自己同伴越爬越远，心里又怕又喜。怕的是这只离开的虫子会遭遇不幸，喜的是大家终于可以知道事情的真相。但是，最终的结果让所有的虫子都失望了，因为那只离开的虫子始终没有回来。而且，湖底的虫子依然慢慢在消失，所有的虫子也依然生活在对消失和另一个世界的恐惧之中。

而那些来到湖面的虫子并没有忘记自己住在湖底的兄弟，它们尝试着各种办法回到湖底，带去这个美丽新世界的消息，可是它们每次都没有成功。据说，这就是蜻蜓点水的原因。

蜻蜓的幼虫离开湖底，是为了来到丰富多彩的人间；说不定我们离开人间，是为了去到另一个五光十色的世界。

也许，死亡并不是生命的结束，而是一个新生活的开始。罗素在《论老之将至》一文中写道："人的生命如同一条小溪，起初很是细小，被两岸夹住，快速地向前流去，越过峭壁，淌过激流，汇成一条大江，这时两岸逐渐宽阔，水流也慢慢平稳下来，最后它与远处的大海互相融合，毫无痛苦地结束了它的存在。"

所以，我们应该放下对死亡的恐惧，走好我们人生中的每一步，然后坦然地结束自己的旅程。

4. 恐惧未来，不如"活"好今天

在前进的路上，有的人总是对前方的情况充满了畏难和恐惧。因为前面的世界是一个完全陌生的环境，当我们离它越近，心里就会越担心自己是否能够适应那样的环境，因而顾虑重重、犹犹豫豫，最后阻碍了

我们前进的脚步。

其实，所有的犹豫和恐惧都是源于自己内心有太多的顾虑，而这些顾虑往往对现实毫无益处。所以，与其每天活在对未来的恐惧中，倒不如清空自己的大脑，放松自己的心灵，踏踏实实地活好蛮有把握的今天。

在蒙特瑞医学院有一名年轻的学生，他对自己的未来充满了恐惧，恐惧自己不能通过期末考试；恐惧明天会发生可怕的事情；恐惧自己未来没有好的前途；恐惧自己无法面对未来的生活。

后来，正是这个年轻人创建了世界知名的约翰霍普金斯医院，成为了牛津大学医学院的教授。此外，他还被英国皇室册封为爵士。这个青年的名字叫作威廉·奥斯勒。

1913 年，威廉·奥斯勒爵士在耶鲁大学发表了演讲，他对耶鲁的学生们说，像他这样一个人，曾经在四所大学当过教授，写过一本很受欢迎的书，常常被人的认为拥有"特殊头脑"。但其实不然，如他的朋友都知道的那样，他的智力其实是"最普通不过的了"。他之所以能够取得今天的成绩，完全是因为 42 年前的一次偶然经历。那是 1871 年的春天，他每天活在对未来的恐惧之中，直到他拿起了一本书，看到了那句话："最重要的就是不要去看远方模糊的事，而是要做手边清楚的事。"

说到这里，奥斯勒爵士停顿片刻，又讲起了自己几个月前的经历。在到耶鲁大学演讲前的几个月，威廉·奥斯勒爵士正在一艘轮船上横渡大西洋。一次，他在舵房里看见船长按下一个按钮之后，整个轮船马上被隔成了几个完全独立的防水舱。奥斯勒爵士语重心长地接着对耶鲁的学生们说道：你们每一个人的结构都比那艘轮船要精美得多，所走的路程也要远得多。所以，我希望各位学会怎样去控制生活，让自己活在一个"完全独立的今天"里面。按下按钮，用铁门把过去隔断在已经死去的昨天；按下另一个按钮，用铁门把未来也隔断在尚未诞生的明天。这样，你就确保了自己的今天是安全的。不要为明日的事情而恐惧，但是要为明天做好准备。最好的方法就是集中你所有的智慧、所有的热诚，把今天的工作做得尽善尽美，这是你能应付未来的唯一方法！

威廉·奥斯勒爵士用自己的经历教育着人们，要把今天的工作做得尽善尽美。其实，只活在今天里，并不是毫无计划的目光短浅，相反，活好今天正是对于明天未知情况的最好准备。因为，不论我们在内心中对明天如何地筹划，都只是自己的一厢情愿罢了，要想真正地改变未来，只有通过珍惜现在才能做到。

在英国威斯敏斯特教堂的地下室，圣公会主教的墓碑上写着这样的一段话：

当我年轻的时候，我梦想改变这个世界。

可是当我成熟以后，我发现我无法改变这个世界。于是，我将目光缩短了些，决定只改变我的国家。

可是当我进入中年以后，我发现我无法改变我的国家。于是，我将目光缩短了些，决定只改变我的家庭。

可是当我进入暮年以后，我发现我无法改变我的家庭。于是，我将目光缩短了些，决定只改变我自己。

现在，我躺在床上，行将就木，已经没有时间改变自己了。

但是，我突然意识到：如果一开始我只是努力改变我自己，然后，我就可以改变我的家庭；然后，在家人的帮助和鼓励下，我就可以改变我的国家；然后，靠着国家的力量，我就可以改变这个世界了。

其实，中国的文化里已经将这件事情说得很清楚了，《大学》中早就指出了"修身、齐家、治国、平天下"的顺序不可颠倒。所以，我们与其胸怀大志地放眼未来，不如踏踏实实地活在当下。

生活中，我们完全没有必要为明天的事情而恐惧，也无须为未来的生活而迷茫。因为我们手中还有今天，只要我们稳住自己的内心，做好今天的事情，那么，一定能够拥有一个光明的未来。

 ## 5. 将毁谤置之度外

我们可以珍惜自己的名誉，但是却无法阻止别人的误解与毁谤。因为，对于任何一件事情，这个世界上总是可能遇到两个声音，一个支持，一个反对；一个赞扬，一个诋毁。既然我们无法阻止别人的反对与诋毁，倒不如放下别人的意见，认清自己的价值。

生活中，不论我们做什么事，别人都有他们自己的意见，其中不乏偏见。我们的善行，很可能被人看作沽名钓誉；我们的努力，很可能被人看作爱出风头；我们修养品德，很可能被人看作附庸风雅。如果我们完全活在别人的意见里，那么我们将举步维艰，最后甚至手足无措。

曾经有一个城市，治安状况很差，所有人都对恶势力妥协或者同流合污。只有一位检察官与众不同，他正直、勇敢，不屈不挠地与恶势力斗争。他亲手帮助了很多弱者讨回公道，也因而得罪了当地恶势力。许多坏人对他和他的家人威胁、骚扰，但检察官依然维护着正义，毫不动摇，家人也十分支持他的工作。

但是，恶势力发现正面对抗不起作用，就到背后去抹黑这位正直的检察官。他们买通了一家很有影响力的报社，在一篇报道中说这位检察官与某女职员的关系暧昧，还刊登了两人在一起进餐的照片。在这篇报道中将检察官骂得一无是处，称他为"无耻之极的伪君子"。

其实检察官和那位女职员共进晚餐，不过是一次公务会面。检察官坚信自己是清者自清，于是对这些风言风语不想理会。但是关于他的谣言越来越多，检察官每天生活在同事们异样的眼光中，甚至家人也开始对他产生了怀疑。后来，领导突然找他谈话，说有人指控他收受贿赂，希望他能配合接受调查。

此时，这位检察官的精神终于崩溃了，他选择了用死亡来终止关于自己的谣言。临死前，他匆匆写了一封遗书，其中写道："名誉比生命的价值更高。在我被彻底玷污之前，我只有选择离开。"

一个坚强、正直的检察官，没有被恶势力吓住，没有被威胁打倒，最终却死在了捕风捉影的谣言之下。因为这位检察官真正在乎的就是自己的名誉，而谣言刚好在他的名誉上打开一个口子，最终让他走向了毁灭。

故事中恶势力的手段的确是卑劣至极，但是害死检察官的真凶却是他自己内心的恐惧。一个人，如果无法放下对于毁谤的恐惧，那么这恐惧可能会让他放下自己的生命。

名誉固然可贵，但它无疑是一把"双刃剑"，既可以彰显人们的正义与善良，也可以用来诋毁与中伤耿直的君子。其实，人生中真正可贵的并不是名誉的好坏，而是一个人内心的自我认识。如果我们能够确信自己的真正价值，又何必在乎别人对我们作何评价呢？

在一次上万人的演讲上，演讲者站在台上，从自己的口袋里拿出了一张崭新的百元大钞，对着台下的观众问道："你们谁想要我手里的钱？"观众席上立刻举满了手臂。

演讲者环顾四周，说道："我会把这钱给你们当中的一位，但是，在给出之前，我先要做一件事。"说着，他揉皱了手里的钞票，接着问道："现在，谁还想要？"观众席上依然有数不清的手臂高高举起。

演讲者对着台下微笑着说："好吧，大家先不要着急，我还要再做一件事。"说着，他又把钞票丢到地上，用脚使劲在上面踩着。然后，他捡起了这张又皱又脏的钞票对台下问道："现在，谁还想要？"观众席上，众多的手臂又一次高高地举了起来。

这时，演讲者的脸上露出了满意的笑容，他提高了声音对台下的听众们说道："这就是我要教给你们的内容，一张100元的钞票，不管我怎样对它，你们都会想要得到它，因为你们知道它的价值是不变的，永远值100元！希望你们能够在生活中认清自己的价值！"

故事中的演讲者巧妙地用一张百元大钞，让人们明白了自己的价值不会因为别人的态度而有所减损。由此可见，我们也应该学会认清自己的价值，不被外界的毁誉动摇。

其实，在我们没有在内心放下对于诋毁的恐惧之前，我们是无法认清自己的价值、获得自在洒脱的。要想走出这样的困境，就要学会忽视别人的眼光，认清自己的价值，不论别人对我们说了什么，做了什么，我们都是原来的自己。只有找到自己的内心，才能坦然面对人生的风雨。

6. 不要害怕丢面子

我们应该学会放下面子，不要让自己每天活在面具后面。有时偶尔丢一两回面子，不妨泰然处之，这样至少会有两方面好处：一是学会了应付意外的尴尬，不让自己为外境所左右；二是让自己更加清醒，能够正视自己的缺点和不足，以便日后取得更大的进步。

苏格拉底有一位十分凶悍的妻子，她为苏格拉底生过三个孩子，每天对苏格拉底打骂相加，让这位哲学大师经常颜面扫地。

有一次，苏格拉底回家的时候，他的妻子抱怨他每天不工作，就会思考那些没用的哲学问题。苏格拉底只是笑脸相迎，越说越气的妻子最后端起了一盆水，从苏格拉底的头上直接倒了下来。见此情景的邻居都嘲笑苏格拉底丢了面子，而苏格拉底却微笑着对众人说道：雷霆之后必有大雨。

还有一次，苏格拉底从街上回来，他的妻子又是雷霆大怒，同样是因为苏格拉底不像其他人那样从事生产。她觉得自己的丈夫每天也不干什么正经事，也没有挣到很多钱带回家，所以在打骂过后，干脆把苏格拉底关在了门外，不让他进屋。邻居们纷纷来看热闹，而苏格拉底并没有跟他的妻子吵架。别人一边嘲笑他丢了面子，一边问他的镇定从何而来。苏格拉底微笑地回答说：一个人想左右世界之前，他至少先要能左右自己。

苏格拉底的妻子让苏格拉底在邻居们面前颜面扫地。但是几千年后，我们却没有因为这件事而动摇苏格拉底在人类思想史上的地位，相反，我们对于这个敢于放下面子，笑对人生的哲学家更加爱戴。

生活中，我们也难免遭遇一时的尴尬。是在这个尴尬中死守着残缺的面子，最终贻笑大方，还是勇于面对人生的各种遭遇，最终为自己挣回面子？这完全取决于我们自己的心态。

1992 年年初，黄清光先生被评为国家二级小提琴演员；同年年末，由于剧团无法支撑，黄清光先生下岗了。此时的黄先生已经年近四十，一年中遭遇如此的大起大落，让他对人生感慨颇多。

下岗之后黄清光待在家里，无所事事。父亲便对他说："下岗也未必是件坏事，你以后跟我学开锁得了。"黄清光的父亲从小学习修理锁具钥匙，由于刻苦钻研，技艺精湛，所以人们都称他为"八桂锁王"。作为锁王的父亲一直希望儿子能够将自己的手艺传承下去，可是黄清光从小只对音乐感兴趣，所以父亲也不好勉强。如今，黄清光赋闲在家，刚好可以了却父亲的一桩心愿。

答应了父亲的要求，黄清光走进了修锁店，跟着父亲从学徒开始做起。然而，他的心中并没有放下自己往日的身份。他总觉得自己是国家二级小提琴演员，如今穿着一件开锁匠的衣服，黄光清的心里很不是滋味。

尤其是工作一阵之后，黄清光更加难以适应眼下的生活。以前，他总是站在台上演出，面对的是数不尽的鲜花和掌声；如今，他穿行在大街小巷开锁，面对的是各种各样的要求和嘲笑。每当有人提起他之前的身份时，黄清光都觉得自己丢了很大的面子。所以，他害怕见到熟人，害怕别人提起从前的事情，更害怕别人问他现在的处境。

转眼半年过去了，黄清光的心思根本没有放在开锁上，所以手艺也没什么提高，开一把最普通的锁也需要花上很长时间。

有一次，他碰到了一把难开的大锁，忙活了半天也没能把锁打开。

请他的人是一个做小生意的店主，最后，店主说道："算了，算了。我还以为锁王的儿子多厉害呢，没想到根本没法跟他父亲比。这锁我还是找别人开吧。"被店主这么一骂，黄清光反而恍然大悟，他此时才明白，自己现在的身份根本不是什么国家二级演员，而是"八桂锁王"的儿子。开锁并不丢人，打不开锁才会让自己没面子。于是他暗下决心，一定要学好开锁这门手艺。放下了面子的黄清光，一头扎进锁堆里，手艺进步很快，不但学会了父亲的全部本领，自己又研究出了很多新东西。

时间又过了半年，黄清光开锁的水平已经超过了父亲，找他开锁的人也越来越多，人们对他的技艺也越来越佩服。父亲去世后，黄清光继承了"八桂锁王"的称号。

黄清光因为放不下面子，所以被店铺的小老板奚落；后来因为放下了面子，最终成了新一代"八桂锁王"。由此可见，只有一个人愿意放下自己的面子的时候，他才能在人生中挣足面子。

生活中，有人活的是自己的面子，他们为了维护自己的面子，到处炫耀，斤斤计较。而有些人，活的却是自己的里子，这些人敢于摘下面具，坦诚做人，踏实做事。为面子而活着的人，不仅劳神劳力，而且常常面子不保；而用自己的真面目率性而活的人，不仅逍遥自在，而且往往因为真诚而赢得别人的尊重。所以，我们不妨学会放下面子，摘掉面具，坦然接受别人的批评，最后用自己的成功向世人证明自己真正的价值。

 7. 恐惧比事情本身更可怕

人生中，让我们与成功无缘的很大一部分原因，是我们自己患得患失的心态。因为，在一件事还没有落实之前就开始害怕失败，最终就很可能会导致事情的失败。

生活中，不论是考试之前，还是面对谈判对手，我们都没有必要让自己的恐惧心态影响了自己。所以，应该把自己的注意力集中在事情本身，而不是提前集中在事情的结果上。

当我们无法集中自己的注意力时，不妨用行动去打断自己的犹豫与恐惧，勇气往往随着我们迈出的第一步而产生，在心理学上，这叫作"瓦伦达心态"。

心理学上的"瓦伦达心态"源自一个真实的故事。瓦伦达是美国一个著名的杂技演员，他的绝技就是走钢丝。但是，他却在一次表演中发生了意外，不幸失足身亡。

事后，他的妻子说："我早就觉得他这次演出一定要出事。因为在以前每次表演之前，他只是想着走钢丝这事，而不去管这件事可能带来的一切。但是，他在这次出场前就不断地说，'这次太重要了，不能失败'。所以，我一直觉得这次表演一定要出事故。"

后来，人们就把专心致志于做事，而不去管这件事可能导致的结果，不患得患失的心态，叫作"瓦伦达心态"。

的确，我们面临的很多挑战就像走钢丝一样危险，要想化险为夷，除了必须具有精湛的技巧，还要有平静的内心。只有内心强大的人，才能掌控复杂的局面。

有一个心理实验，是关于人的恐惧心理的。实验是在一间黑暗的屋子里进行的，共有九个人参加。

负责实验的教授对九名志愿者说："首先，你们九个人要通过面前的小桥走到对岸，尽量不要让自己掉下去。当然，不小心掉下去也没关系，因为桥离地面很近，底下就是一点水而已。"九个人按照教授的指示，全部成功地走到了对岸。

此时，教授打开了一盏灯，并对九名志愿者说道："现在，请你们重新再走一次。"透过微弱的灯光，九个人看到桥底下不仅有很深的

水，还有几条可怕的鳄鱼。一边庆幸自己刚才没有掉下去，一边为自己的经历而后怕，根本没有人敢走回去。教授只好接着说："你们已经成功了一次，这次只要想象自己走在坚固的铁桥上，就一定也能成功。"最终，有三个人尝试了走回去的挑战。第一个人两腿发抖，慢慢前行，过桥的时间比第一次多了一倍。第二个人不时看看脚下的鳄鱼，走到一半时就趴在桥上，再也走不下去了。第三个人才刚一迈步上桥，就再也不敢向前，后悔地退了回来。

于是，教授又打开了一盏灯，大家又发现，在桥和鳄鱼之间有一层保护网。于是，刚才的三个人都顺利地通过了小桥，剩下的几个人也都快速地走过来了。最后只有一个人留在对岸，教授问他："你为什么不过桥？"这个人回答说："虽然我看到了保护措施，但是我担心网不结实，还是会掉到鳄鱼的嘴里。"

教授最终打开了所有的灯，这时人们才看清楚，原来桥下的鳄鱼并不是真的，而是塑料的仿制品。于是最后一个人也快步通过了小桥。

教授通过这个实验向我们揭示了恐惧心态对一个人能力的影响。虽然脚下的小桥没有发生任何变化，但是，志愿者们却因为桥下的境况不同而产生了不同的心态，最后影响了他们能否通过小桥的行动。由此可见，同一件事的难易程度，会因为我们的心态不同，而产生不同的效果。

虽然我们都知道，自己心态的好坏应该完全取决于自己，但是有时候仍然无法自制。无法控制自己的心态是因为我们无法放下自己的恐惧，对事情的结果看得太重。其实，面对艰难的抉择时，不妨拿出无所畏惧的精神，在战略上藐视它，在战术上重视它，如此才有可能成功地战胜困难。

8. 不要被困难吓倒

人生中，没有人能随随便便成功。但是，世界也不至于让人永远活在失败之中。

生活中，我们难免遇到大大小小的困难。在困难面前，前进的人成功，止步的人失败。可见，磨难有如一块试金石，不论哪种人一试就能试出来。所以，我们应该采取什么样的态度，也就显而易见了。

在很久很久以前，鸡和鹰都不会飞。虽然它们都长有翅膀，但是它们只能靠自己的双脚走路。

有一天，鸡和鹰迷了路，走到了一个悬崖边上，当它们想回头时，已经无路可退。鸡走到悬崖边上，向下看了一眼，双脚不停地打颤。鹰也朝悬崖下看了看，对鸡说："现在我们只剩下一条路了，就是从这里跳下去。"

鸡听了，抖得更加厉害了，对鹰说："那不是自己送死吗？"

鹰镇定地回答说："等在这里只有死路一条，跳下去也许还有一丝希望。我们可以用身上的这对翅膀，说不定从此就可以在蓝天白云间飞翔，再也不用慢慢走路了。"

鸡还是觉得害怕，连忙说："这样做风险太大了，我们从来没有用过自己的翅膀，万一飞不起来怎么办呀？"

鹰坚定地说："我们决不能被困难吓倒，我先跳，你跟着我。"说着鹰纵身跳下了悬崖，它用力地扇动自己的翅膀，在那一瞬，鹰成功地飞了起来。

鸡被自己眼前的一幕惊呆了，于是也信心百倍地跳下了山崖。鸡使劲扇了几下翅膀，可是实在是太累了，于是它放慢了速度，最后也安全落地了。可是，就在鸡双脚落地的那一刻，它看见了蓝天上的鹰正张开双翼，自由地翱翔。

　　鸡和鹰面对着同样的挑战，当它们面对悬崖之时，恐惧只能等待死亡，勇敢向前还有生的希望。当它们跳下悬崖的一瞬，拍打几下翅膀就能够脱险，用力展翅就能到空中翱翔。但是，鸡退缩了，所以只能眼睁睁看着鹰去翱翔了。

　　那么，当我们在遭遇困难的时候，是选择坚定地迎接挑战，还是应付一下便了事？有时候，这就是平庸与辉煌的区别。

　　下面的年表记述了一个人的人生，而他的一生可谓波折不断。

　　1816 年，他的家人被赶出了居住的地方，他必须为生计奔波。

　　1818 年，他的母亲离开了这个世界。

　　1831 年，他试图经商，以失败告终。

　　1832 年，他试图从政，竞选州议员，以失败告终。

　　在失业后，他试图到法学院进修，以失败告终。

　　1833 年，他再次试图经商，年底破产。接下来他花了 17 年，才把债还清。

　　1834 年，他再次竞选州议员，这次终于当选。

　　1835 年，他走进了新婚的殿堂，妻子很快离开了这个世界。

　　1836 年，他因为精神崩溃，卧病在床六个月。

　　1838 年，他想成为州议员的发言人，以失败告终。

　　1840 年，他想争取成为选举人，以失败告终。

　　1843 年，他参加了国会议员大选，以失败告终。

　　1846 年，他再次参加国会议员大选，这次终于当选。前往华盛顿特区，表现可圈可点。

　　1848 年，他寻求国会议员连任，以失败告终。

　　1849 年，他想在自己的州内担任土地局长，以失败告终。

　　1854 年，他想竞选美国参议员，以失败告终。

　　1856 年，他在共和党全国代表大会上争取副总统的提名，以惨败告终，得票不到 100 张。

1858 年，他再度竞选美国参议员，以失败告终。

1860 年，他当选美国总统，成为了美国最伟大的总统之一。

他就是美国的第 16 任总统——林肯。

林肯的一生，是困难不断的一生，也许，这是一个贫民为了实现人生梦想，而不得不付出的代价。由此看来，成功只属于那些愿意积极迎接困难的人，因为他们知道，在困难面前，只要自己不被打倒，困难就会为人铺平向上的台阶。当一个个困难变成了一级级台阶的时候，通往成功殿堂的大门就会出现在我们面前。

9. 勇敢地表达自己

因为害怕得罪别人、被团体排斥，人们常常选择随声附和，而把自己的真实意见藏在心里。天长日久，也就失去了判断能力，养成了口是心非的习惯，成了在其位不谋其政的庸庸碌碌之辈。

萧伯纳说："你有一个苹果，我有一个苹果，彼此交换一下，我们彼此仍然是各有一个苹果；但你有一种思想，我有一种思想，彼此交换，我们就都有了两种思想，甚至更多。"当然，这一切的前提是我们愿意表达自己的真实想法，而不是一味地讨好别人。

唐太宗是历史上有名的明君，但是他的成就离不开魏征的功劳。魏征向唐太宗进谏，从来都是当面提出自己的看法，直率而坦诚，从不兜圈子，也绝不背后议论。

有一次，唐太宗问长孙无忌："魏征每次向我进谏都很直接，而且倔强。只要我不接受他的意见，他就会一直坚持下去，这是为什么呢？"

没等长孙无忌回答，魏征自己说："因为陛下您的行为有了过错，所以我才会向您进谏。如果您不采纳我的进谏，说明您还没有认识自己

的过错，所以我要坚持到底。"

听了魏征的话，唐太宗说道："虽然如此，你也应该顾全我的体面。在百官面前顺从我，退朝之后，再单独向我进谏，难道这样不行吗？"

不料魏征却说道："从前，作为五帝之一的舜，曾告诫群臣，不要当面顺从我，背后又议论我。这不是忠臣应该做的事，而是阳奉阴违的奸臣行为。所以，对于陛下您的说法，我不敢苟同。"

唐太宗听后，非常高兴，再次采纳了魏征的意见。

当然，唐太宗并不是每一次都有这么好的脾气。一次，魏征当着满朝文武的面，和唐太宗在朝堂上争得面红耳赤。唐太宗想要发作，又碍于文武百官在场，只好强忍着愤怒。

退朝以后，憋了一肚子气的唐太宗回到内宫，气冲冲地对长孙皇后说："总有一天，我要杀了这个乡巴佬！"

长孙皇后见唐太宗发这么大的火，就问他："不知是谁得罪了陛下？"

唐太宗说："除了魏征，还能有谁！他总是当着满朝文武的面教训我，实在让我难以忍受！"

长孙皇后听了，就没有再说话，而是退回到自己的内室，换了一套庄重的衣服，向唐太宗下拜。唐太宗见她穿的是朝见时才穿的礼服，就奇怪地问道："你这是干什么？"

长孙皇后回答说："因为天子英明，所以大臣才正直。现在魏征这样正直，说明陛下是难得的英明天子，我特意换了衣服，是为了向陛下祝贺！"

唐太宗听了长孙皇后的话，自己的满腔怒火也就完全熄灭了。

直言敢谏的魏征在公元643年因病亡故，唐太宗难过地说："人以铜为镜，可以正衣冠；以古为镜，可以知兴替；以人为镜，可以知得失。魏征殁，朕亡一镜矣！"

唐朝之所以能够出现贞观之治的盛况，与唐太宗的开明纳谏和魏征的直言敢谏是分不开的。魏征之所以敢跟自己的顶头上司叫板，首先是因为他能够肯定自己意见的正确性，所以总是很诚恳地提出；其次是因为他摸清了唐太宗的脾气，知道他是一位明白事理的皇帝。正如长孙皇后所说，君明则臣直，如果魏征碰到一个糊涂皇帝，恐怕不是自己告老还乡，就是已经被皇帝斩首示众了。

当然，我们在勇于表达自己意见的同时，也要学会有勇有谋运用巧妙的方法，让别人更容易接受自己的意见。

春秋时期的齐景公喜欢养鸟，所以专门设置了负责养鸟的官职。一个叫烛邹的人负责给齐景公养鸟，结果却让鸟逃掉了。于是齐景公大怒，下令要将烛邹杀掉。

晏子是齐景公的宰相，听了齐景公的命令，在旁边说道："您这样杀掉烛邹他未免不服气，请允许我把他的罪行一条一条列举出来，然后再处死他，让他死得心服口服。"

齐景公答应了晏子的请求，于是晏子把烛邹叫来，当着齐景公的面开始列举他的罪行。晏子说道："烛邹，你知罪吗？你的罪行有三条，第一，你负责替我们国君养鸟，却把鸟弄丢了；第二，由于你的缘故，我们国君现在要因为一只鸟而处死一个人；第三，如果其他的诸侯知道了这件事，都认为我们国君重鸟而轻人。"

说罢，晏子便请齐景公处死烛邹。齐景公连忙说："不要杀烛邹了，我听从您的教导就是了。"

晏子没有直接数落齐景公的玩物丧志，而是借着数落烛邹的玩忽职守，委婉地进谏。聪明的齐景公当然明白晏子的用意，所以马上接受了意见。如果晏子不是用这种巧妙的办法，而是直接针对自己的领导一顿炮轰，结果如何就很难说了。很可能君臣在朝堂上争得面红耳赤，齐景公一怒之下把晏子赶回家去。如此一来，不但没有达到进谏的目的，反而把问题变得更加复杂了。

看来，有勇气表达自己的真实想法很重要，而能以一种诚恳的态度与合适的方法来表达，也同样重要，甚至更为重要。